钢铁科普丛书

绿色钢铁

钢铁的未来之路

武汉钢铁（集团）公司科学技术协会◎编

北 京

冶金工业出版社

2019

图书在版编目（CIP）数据

绿色钢铁：钢铁的未来之路／武汉钢铁（集团）公司科学
技术协会编． — 北京：冶金工业出版社，2014.9（2019.1重印）
（钢铁科普丛书）
ISBN 978-7-5024-6698-5

Ⅰ．①绿… Ⅱ．①钢… Ⅲ．①钢铁工业—普及读物
Ⅳ．①TF-49

中国版本图书馆CIP数据核字（2014）第200678号

出 版 人　谭学余
地　　　址　北京市东城区嵩祝院北巷39号　邮编100009　电话　(010)64027926
网　　　址　www.cnmip.com.cn　电子信箱　yjcbs@cnmip.com.cn
责任编辑　曾　媛　美术编辑　吕欣童　版式设计　吕欣童　孙跃红
责任校对　禹　蕊　责任印制　牛晓波
ISBN 978-7-5024-6698-5
冶金工业出版社出版发行；各地新华书店经销；天津泰宇印务有限公司印刷
2014年9月第1版，2019年1月第2次印刷
169mm×239mm；8.25印张；106千字；120页
39.00元
冶金工业出版社　投稿电话：(010)64027932　投稿信箱：tougao@cnmip.com.cn
冶金工业出版社营销中心　电话：(010)64044283　传真：(010)64027893
冶金工业出版社天猫旗舰店 yjgycbs.tmall.com
　　　　　（本书如有印装质量问题，本社营销中心负责退换）

《钢铁科普丛书》编委会

普及科技知识
提高公民素质
促进社会发展

张寿荣

中国工程院院士张寿荣题词

序

　　钢铁工业是国民经济的重要基础产业，是国家经济水平和综合国力的重要标志，钢铁冶炼技术的发展直接影响着与其相关的国防工业及建筑、机械、造船、汽车、家电等行业。

　　经过几代人不懈努力，中国钢铁工业取得了巨大成就。但我们也看到，虽然我国钢铁行业的产量已经连续十年居世界之首，但这绝不表示中国已是钢铁强国。产量的辉煌掩盖不了钢铁行业的内在危机。能耗大、总量严重过剩、产品结构不合理，是其危机的主要表象。钢铁行业的发展已经到了必须依靠科技创新为根本驱动力的新阶段，必须抓住机遇，加强科技创新，让钢铁行业切实转入创新驱动、未来转型升级、全面协调可持续的发展轨道。

　　推动科技进步和创新，不仅需要广大科技人员的努力，而且需要广大职工的参与，促进科研与科普有机结合，加大钢铁前沿技术的传播速度和覆盖广度。为此，在中国科学技术咨询服务中心、中国金属学会等大力支持下，武汉钢铁（集团）公司科学技术协会历时三年编撰了本套《钢铁科普丛书》，以武钢发展历程为基础，进而阐述钢铁行业发展史、普及钢铁行业冶炼技术知识。我们通过科普读物的形式，将钢铁冶金这个庞大的科学技术体系呈现给广大读者。撰写本书的作者都是武钢从事钢铁冶金技术研究的专家和钢铁生产一线的科技工作者，他们热爱企业、基础坚实、学风严谨、勤奋探索、成果斐然。他们毅然承担并严肃认真地撰写《钢铁科普丛书》，在此，我对他们献身钢铁工业和科普事业的精神深为钦佩，并表示由衷的感谢！

《钢铁科普丛书》收录的文章涉及面广，知识性、趣味性和可读性强。相信本丛书对于传播钢铁技术、弘扬钢铁文化、增强企业自主创新能力起到促进作用；希望通过普及钢铁冶金知识，凝聚更多的热爱钢铁冶金事业的工作者，积极投身于技术创新实践中，为我国钢铁事业进步，为全面建成小康社会，实现"中国梦"而努力奋斗。

中国金属学会副理事长、科普委员会主任
武汉钢铁（集团）公司董事长、党委书记、科协主席

前　言

在我国钢铁行业还处在春寒料峭的时期，《钢铁科普丛书》即将在冶金工业出版社付梓。该丛书的出版，犹如春天的使者，给钢铁行业送来了一抹暖融融的春光。

钢铁，文明之基石；钢铁，国家之脊梁。钢铁是工程技术中最重要、用量最大的金属材料。大到航空母舰、铁路桥梁，小至家用电器、锅碗瓢盆，钢铁无所不在，无所不能，无所不有，无所不至。为了弘扬钢铁文化、传播钢铁知识、普及钢铁技术、宣传钢铁产品，武钢科协历时三年，精心编辑了这套《钢铁科普丛书》。全套丛书由《魅力钢铁》、《炫丽钢铁》、《绿色钢铁》3册书组成。其中，《魅力钢铁》，让我们品味钢铁源远流长的历史和博大厚重的文化；《炫丽钢铁》，让我们领略钢铁点石成金的魔力和日新月异的科技；《绿色钢铁》，让我们感受钢铁节能减排的神奇和综合利用的魅力。每一篇文章，深入浅出，娓娓道来，通俗易懂；每一册书，主题鲜明，图文并茂，生动有趣。因此，可以说，这套丛书是一部反映人类文明与钢铁文明共同进步的"史话"，是一部传播钢铁科学技术的"全书"。

丛书共收录83篇科普短文，将钢铁冶金这个庞大的科学体系庖丁解牛般地呈现给广大读者，贴近实际、覆盖面广、可读性强，使钢铁生产火光冲天、热闹非凡的场景得以用全景图的形式铺展开来。参与编写这套丛书的作者，绝大部分人是来自武钢生产一线的科技人员，其中不乏初次撰写科普文章的作者。为了提高作品质量，武钢科协先后举办了科普创作培训班、科普创作笔会，建立网上创作交流平台，邀请科普作家指导、修稿，聘请技术专家审稿、把关。很多文章都是几易其稿，精益求精；每篇文章的标题更是反复推敲，精心制作，有很强的艺术感染力。每一篇文章做到科学性、思想性、趣味性的完美统一，给读者以智慧、美感、愉悦和启迪。因此，也可以说，这套丛书是集体智慧的结晶，是科普佳作和美文的结集。

武钢长期重视企业科普工作，形成了具有武钢特色的"文画声光网"科普工作格局，是蜚声企业界的科普标杆单位。本套丛书的出版，再一次凝聚了武钢各级领导的殷切关怀。武钢副总经理傅连春亲自担任主编；《钢铁研究》主编于仲洁担任技术顾问；武汉钢铁（集团）公司董事长、党委书记邓崎琳百忙之中为本丛书作序；原武钢领导、中国工程院院士张寿荣，已是耄耋之年，不仅为本书题词，还奉献了他的一篇钢铁科普佳作，更使本丛书熠熠生辉。相信读者打开这套丛书，一定会爱不释手，阅必终篇，在获得钢铁科学知识的同时，对被誉为"国之脊梁"的钢铁有更深刻的认识和感受。让我们共同努力，为实现"钢铁梦"、"中国梦"作出新贡献！

编　者

2014 年 9 月

目　录

钢铁新面貌

打造绿色钢铁　建设美丽中国

绿色发展引领钢铁未来之路

　　生态文明是人类文明发展的一个新的阶段，即工业文明之后的文明形态；生态文明是人类遵循人、自然、社会和谐发展这一客观规律而取得的物质与精神成果的总和；生态文明是以人与自然、人与人、人与社会和谐共生、良性循环、全面发展、持续繁荣为基本宗旨的社会形态。生态文明建设，是关系人民福祉、关乎民族未来的百年大计。2012年11月，党的十八大胜利召开。十八大政治报告首次专章论述生态文明，提出"把生态文明建设放在突出地位，融入经济建设、政治建设、文化建设、社会建设各方面和全过程，努力建设美丽中国，实现中华民族永续发展"。这是"美丽中国"第一次作为执政理念在党的政治报告中提出。"美丽中国"写入十八大政治报告，不仅是民心所向，而且是我国加快转变经济发展方式的一个"风向标"。中国钢铁工业是国家重要的基础工业部门，是发展国民经济与国防建设的物质基础，冶金工业的发展水平也是衡量一个国家工业化的标志。与此同时，钢铁工业也是我国特别监控的六大高污染、高能耗产业之一。

面对党的十八大提出的关于生态文明建设的新要求和建设"美丽中国"的宏伟蓝图，中国钢铁工业该怎样有所作为？又如何选择未来发展之路呢？

唯一正确答案是：中国钢铁工业面对资源约束趋紧、环境污染严重、生态系统退化的严峻形势，必须牢固树立尊重自然、顺应自然、保护自然的生态文明理念，把生态文明建设放在突出地位，着力推进绿色发展、循环发展、低碳发展，以科技创新为驱动，围绕创建资源节约型、环境友好型企业的目标，全面实施节能减排、综合利用和厂区绿化工程，砥砺奋进，努力打造"绿色钢铁"，为建设"美丽中国"和全球生态安全做出贡献。简言之，就是以绿色发展引领钢铁未来之路。

从字面上看，"绿色钢铁"由"绿色"与"钢铁"两个词语组成。但是，从内容上看，它们二者之间能够画上等号吗？这是因为一提起"钢铁"，人们马上就将其与"高能耗"、"高污染"、"高排放"等非绿色词语联系在一起。

就钢铁产品而言，"绿色"与"钢铁"是能够相提并论的。因为钢铁产品是当今材料世界中"当之无愧"的"绿色材料之王"。首先，钢铁能够100%循环再利用，从而能够节约大量能源和原材料，而且不会导致其相关性能的损失，这个特性是其他可循环材料无法比拟的。比如纸张、玻璃等，循环使用一次，其性能就下降一次。其次，钢铁是太阳能、潮汐能、风能等可再生能源设备制造所需要的重要材料。同时，有数据显示，每使用1吨废钢冶炼新的钢，可以节约1400千克铁矿石、740千克煤和120千克石灰石。最后，如果按照生命周期评估方法，从生产、制造、使用阶段和回收及处置的角度考虑，钢铁材料与铝合金、镁合金和炭素纤维、玻璃纤维等材料相比，是二氧化碳排放量最低的材料。因此，从这个角度来说，"绿色"与"钢铁"完全可以珠联璧合，自然形成"绿色钢铁"。

就钢铁生产而言，"绿色"与"钢铁"也还是密切相关的。众所周知，传统的钢铁生产是与高能耗、高污染联系在一起的。虽然经过长期努力，已经有了长足的进步和明显改善，但是，高能耗、高污染问题尚未从根本上得到解决。钢铁生产在很长时期内是非绿色的产业之一。正因为如此，世界各国的科学家们一直在致力于钢铁绿色生产的研究。例如，现代钢铁企业正致力于形成生态工业园区，不仅实现自身污染物"零排放"的目标，还积极消纳社会废弃物，使钢铁企业形成相关产业间资源循环利用链的中心环节，并能够成为实现能源逐级利用的保障。伴随着钢铁科学技术的日新月异和突飞猛进，相信在不久的将来，人们一定能够实现钢铁生产真正"绿色化"。因此，从这个角度来说，"绿色"与"钢铁"并非风马牛不相及，而是休戚相关，生死与共，人工合成"绿色钢铁"指日可待。

● **那么，什么是"绿色钢铁"呢？**

关于"绿色钢铁"的概念，目前国内外并没有统一的定义，可谓众说纷纭，林林总总。目前比较一致的看法是：钢铁企业把节约资源、降低能耗和保护环境的理念融入企业活动的全过程，转变生产方式，实行清洁生产，做到低资源消耗、低能源消耗、低排放再循环使用，

使企业与自然、社会和谐统一，促进经济社会的可持续发展，实现企业可持续发展。"绿色钢铁"的目标是产品从设计、制造、包装、运输和使用到报废处理的整个生命周期对资源利用率最高、对能源消耗最低、对环境负面影响最小，并使企业的经济效益、环境效益和社会效益协调优化。

新中国成立以来，尤其是改革开放30多年来，钢铁工业为我国国民经济的发展做出了不可替代的重大贡献，而且未来还将继续发挥重要的作用。同时，近年来，我国钢铁工业在节能减排和环保领域已经取得显著的成绩，涌现了一批绿色钢铁企业样板，一些环保指标已

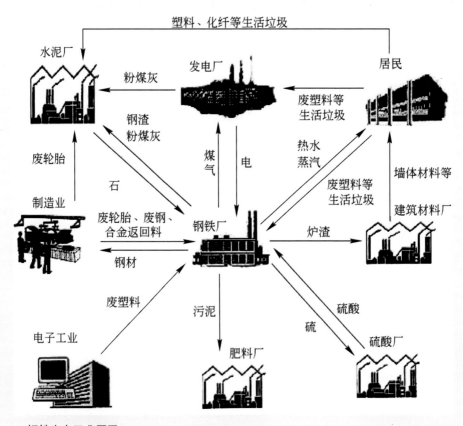

钢铁生态工业园区

经达到甚至超过国际先进水平。

钢铁工业是国民经济的重要基础产业，在我国工业化、城镇化进程中发挥着重要作用。为了推动钢铁工业转型升级，走中国特色的新型工业化道路，国家工业和信息化部依据《国民经济和社会发展第十二个五年规划纲要》和《工业转型升级规划（2011~2015 年）》，发布《钢铁工业"十二五"发展规划》。毫无疑问，"十二五"时期将是我国钢铁工业步入转变发展方式的关键阶段，全新打造的"绿色钢铁"这艘"航空母舰"，正式驶入了新航道。

● **为什么要全力打造"绿色钢铁"呢？**

首先，全力打造"绿色钢铁"是国民经济和社会发展的迫切要求。"十二五"时期，我国将加快转变经济发展方式，推进建设资源节约型、环境友好型社会。"两型社会"建设对钢铁行业提出了新要求。钢铁工业是大量消耗资源、能源和大量排放"三废"的行业。资料显示：我国生产 1 吨钢材约需要消耗 23 吨资源（包括铁矿石、煤炭、熔剂类矿石、水和合金原料等），我国钢铁总能耗占全国的 18%。我国钢铁工业废水排放占全国的 8.53%；工业粉尘排放占全国的 15.18%；二氧化碳排放量占全国的 9.2%；固体废弃物排放量占全国的 17%；二氧化硫排放占全国的 37%。为了增强经济发展的可持续性，中国经济社会发展必须摒弃高投入、高消耗、高排放的发展模式，走绿色低碳的可持续发展道路。钢铁工业只有加快转变发展方式，走"绿色钢铁"之路，才能满足国民经济和社会发展的要求。

其次，全力打造"绿色钢铁"是钢铁工业自身发展的切实需要。近年来，我国钢铁工业在节能减排和环保领域尽管已经取得了长足进步，但在长期粗放式发展过程中积累形成的产品结构、产业组织结构、生产布局等结构性矛盾依然突出，制约着我国钢铁工业由大到强的转

中国第一家用机器开采的大型露天铁矿

■ 武钢大冶铁矿依据已郁闭成林的复垦基地，充分利用已发掘了两百余年的露天坑地质资源，积极二次创业，已创建国家地质公园。

变。我国钢铁行业原有靠规模扩张，大量消耗资源、能源的粗放模式已经难以为继，生产举步维艰，一直处在微利或者亏损的状态，长此以往，只能死路一条。为此，钢铁行业只有转变发展方式，以促进钢铁工业由大变强，再创辉煌。

最后，钢铁工业具备了全力打造"绿色钢铁"的良好基础。我国钢铁工业规模大，在品种质量、技术装备和节能减排等方面进步明显，部分企业具备较强的国际竞争力，钢铁工业总体发展水平迈上了新台阶，已经具备了加快转变发展方式、实现绿色发展的良好基础。

总之，在资源环境约束趋紧、环境污染严重、生态系统退化的背

景下，原有的高能耗、高资源依赖的发展模式越来越
难以为继，必须转变发展方式以促进钢铁工业实现绿
色发展、循环发展和低碳发展。打造"绿色钢铁"，
建设"美丽中国"，是我国钢铁工业面向未来、走出
当前困局、逆境崛起的必然选择。

● **如何打造"绿色钢铁"呢?**

首先，中国钢铁工业要实现绿色发展，必须实施
"两个转型"。对行业而言，要实现发展模式的转型，
即从传统的资源消耗、环境负荷线性增加的粗放发展
模式，向更加注重节能减排、低碳发展的科学发展模
式转型；对企业而言，要实现钢铁企业功能的转型，
即由单纯的产品制造功能向具有钢铁产品制造功能、
能源转换功能和社会大宗废弃物处理消纳功能的生态
型钢铁企业转变。

其次，中国钢铁工业要实现绿色发展，必须实施
创新驱动。我国钢铁企业要不断增强技术创新能力，
为钢铁绿色发展注入强大动力。在产品上，要在系列
化节能环保型产品开发和提升材料功效方面有所突破；
在技术上，要重点开展钢铁工业环保节能技术一揽子
解决方案、低碳炼钢工艺技术和短流程炼钢技术工艺
的研究开发；在应用上，要加快对钢铁行业最佳可行
性技术（BAT）的筛选和确定。要通过生产工艺和技
术的重大突破，实现钢铁生产过程的低能耗和低排放；
通过进一步拓展钢铁产品应用新空间，用钢铁的轻量

■ 武钢硬岩绿化全国领先，已完成造林绿化 8300 亩，复垦率达 63.8%。

武钢大冶铁矿形成面积达 247 万平方米亚洲最大的硬岩绿化复垦基地 ■

化和高韧性进一步取代其他不可再生的非绿色材料。

　　第三，中国钢铁工业要实现绿色发展，必须实施环境经营。在环境经营中，绿色产业链打造和管理是重中之重。钢铁企业要加强对产品生命周期的全方位管理，关注产品整个生命周期所需的资源、能源总量，向环境排出的污染物质和温室气体情况，把绿色设计、绿色采

■ 建设绿色屏障，打造武钢外围新环境。武钢冶金渣渣山复垦绿化全国首创，共种植 50
多个种类的乔灌木 28011 株，绿地面积 5.6 万平方米，使昔日寸草不生的渣山变成了
鸟语花香的生态园林景点。

购、绿色生产、绿色运输、绿色营销和产品的回收利用有机地结合起
来，尽最大可能减少对环境的影响。

第四，中国钢铁工业要实现绿色发展，必须实施循环经济。钢铁
工业发展循环经济的关键是做好工业物质和能源的大、中、小循环。
小循环是指以铁素资源为核心的生产上下工序之间的循环，水在各个
工序内部的自循环以及各个工序生产过程中产生的副产品在本工业内
的循环等。中循环是指各个生产厂之间的物质和能量循环，即下游产
品的废物返回上游工序，作为原料重新利用；或将一个生产厂产生的
废物、余能作为其他生产厂的原料和能源。大循环是指企业与社会之
间的物质和能量循环，包括向社会提供民用煤气，在冬季将余热输送

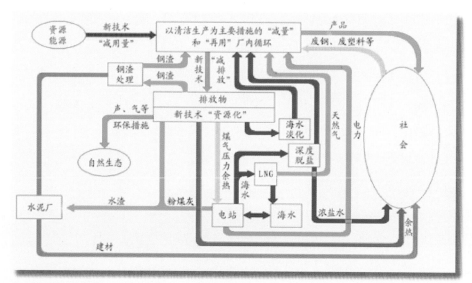

■ 钢铁循环经济图

供社会居民取暖，以替代燃煤锅炉；利用钢铁高温冶炼条件成为城市废弃物处理中心；钢铁渣用于建材和城市道路交通建设；利用煤焦油深加工芳香烃衍生物作为医药、颜料等精细化工产品的中间原料；利用钢铁的高炉水渣、转炉钢渣、石灰筛下物及粉煤灰等固体废弃物生产水泥熟料；使用报废的社会废品并经回收后作为钢铁生产原料重新使用等。按照上述 3 个循环层次，钢铁工业可主要从提高铁素资源利用效率、能源循环利用率、水循环利用率和固体废弃物利用率等 4 个方面入手实施循环经济。目前，正在兴建的武钢防城港钢铁基地项目，定位于节能减排和循环经济指标达到国际一流水平，将被打造为全国"绿色钢铁"的典范。

第五，中国钢铁工业要实现绿色发展，必须实施绿化工程。钢铁企业要把构建"绿色工厂"，积极打造绿色生态环保型企业，实现与城市和谐共生，作为生产经营中长期目标，年年增加投入，年年狠抓落实。一是努力创建花园式工厂，扩大钢铁企业厂区绿化率。二是对自有矿山实施复垦和公园化改造。武钢建设的"黄石国家矿山公园"，集矿山复垦和采矿科普游览于一体，取得了显著成绩，仅大冶铁矿已复垦绿化5400多亩，千年古矿呈现出"矿在园中、园在绿中、绿如画中"的环保生态格局，其规模效益堪称亚洲第一。三是加强环保治理，减少"三废"排放，让天更蓝、水更清，空气更新鲜。

最后，中国钢铁工业要实现绿色发展，必须实施国际合作。例如，在低碳钢铁冶炼新技术、氢冶炼工艺、碳捕获和碳收集 (CCS) 技术、低温余热利用技术等领域，力争取得技术上的重大突破，提高核心竞争能力。钢铁企业踏上低碳环保之路，既是机遇也是挑战。

雄关漫道真如铁，而今迈步从头越。当前，世界经济处在深度调整期，中国经济处于重大结构转换期，钢铁行业创新转型进入关键突破期，根据发达国家化解过剩钢铁产能的经验，预计我国钢铁行业需要 5 至 10 年甚至更长的调整时间。唯有进行绿色转型，实现绿色发展，成为被社会接受并持续发展的绿色产业，打造"绿色钢铁"，才是钢

铁企业谋求长远竞争优势的必然选择。我国钢铁工业将秉持生态文明理念，通过在理念、管理、技术等方面的创新，不断提升自身环保水平，为建设"美丽中国"作出新的更大的贡献。

　　绿色钢铁，让人民更幸福；绿色钢铁，让中国更美丽！

（李国甫）

钢铁工业也环保

GANGTIE GONGYE YE HUANBAO

烧结工序中的"节能神器"
——"成本日日清"系统

    时下，与其他行业欣欣向荣相比，钢铁行业却步入了"寒冬腊月"，正面临着举步维艰的困境。2008 年下半年以后，国内钢材价格一路下滑，我国钢铁行业整体处于微利或亏损状态。在这种严峻形势下，推进低成本冶炼技术、对标挖潜、开展节能降耗竞赛活动等，无疑是当前钢铁企业降本增效、共克时艰、应对挑战的首要任务。

    目前，我国钢铁生产大部分依然是长流程生产工艺，在钢铁生产能源总消耗之中，烧结工序能耗约占总消耗的 9%。经过统计分析全国各大企业烧结工序的能源消耗情况分布，获得"烧结工序能源消耗排行榜"前三名的分别是：固体燃料消耗（以下简称固体燃耗）占79.80%；电力消耗（以下简称电耗）占 13.49% ；煤气消耗（以下简称煤气消耗）占 6.49%。根据"主次矛盾关系原理"，看问题、想办法、做事情，要善于抓住重点，集中力量解决主要矛盾。因此，要降低烧结工序能耗，就必须从降低固体燃耗、电耗及煤气消耗三个方面入手，各个击破。

    传统的烧结工序成本控制都是一种"秋后算账"的模式，即在一个月的能源报表出现之后才能了解到各项能源消耗的总体情况，信息反馈存在严重的滞后现象，这与 21 世纪信息高速传播的现实格格不入，那么是否有一种强大的节能"神器"存在呢？这个答案是肯定的。

随着信息技术的发展，自动化控制系统实现了对烧结生产工艺及设备的连锁控制、过程控制、过程实时数据的采集与监视、过程与设备状态的监视与报警、过程趋势数据的采集与处理、报表打印、分析处理全面的计算机网络系统。因此，应用国内外先进的烧结工艺优化控制软件技术，实现烧结生产过程自动控制、监视及管理，对当下烧结厂提高烧结矿质量、降低能耗具有现实的可行性。

那么这样的一套"神器"去哪里找寻呢？其实你不用去远方，在武钢烧结厂一烧车间，就有那么一套"节能神器"——"成本日日清"系统。本"神器"基于先进的计算机系统，通过吸收生产现场各个环节的能源消耗的动态信息，主要针对固体燃耗、电耗及煤气消耗全面的跟踪反馈，然后进行虚拟空间的加工与逻辑运算，形成一套时时刻刻的数据报表系统。那么，"神器"是如何实现能源消耗的动态管理呢？下面我们就来揭开"神器"的神秘面纱。

■ "节能神器"外貌

首先，"神器"的内部结构主要由数据库，控制层和画面层三个主要部分构成。

数据库主要是通过电子信息网络这只多面手，吸收生产现场各个工艺环节中的电子秤消耗的记录信息，然后利用内部转换器，将收集到的信息转换成数据存储在计算机网络内形成数据库。

控制层是一个强大的"加工能手"，通过向数据库申请吸取数据信息后，通过一整套强大的加工工具，将从数据库吸收到的数据加工成一个个实际的能源消耗结果并按 2 小时的节拍时间输出数据报表。

画面层顾名思义就是对控制层内产生的数据报表进行修饰加工成动态变化的画面，生成 Excel 格式的报表，各种形式的趋势图和柱状图，并且可以打印出来，作为会议和总结的分析与讨论的资料。

我们揭开了"神器"的神秘面纱之后，那么"神器"与以往的方法相比它的优势何在？一方面，"神器"显示出来的数据是动态变化

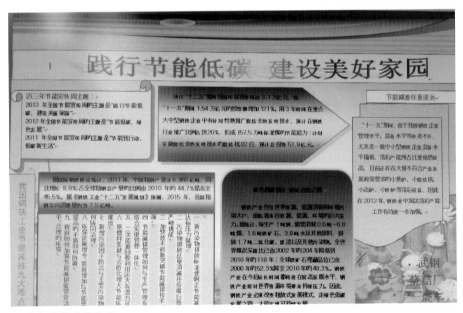

■ 践行节能宣传先锋

的，能够跟踪生产过程中的实际能源消耗情况，实现成本动态管理，做到工段成本班班清，车间成本日日清，达到指导生产操作，能源消耗的动态管理的目的；另一方面，形成了直观的电子图表与趋势图，为报表无纸化办公奠定了坚实基础。接下来我们会问，"神器"是如何有效地与现场生产实际相结合的呢？

由于"神器"是通过对现场数据的逻辑处理之后，显示出烧结生产时时刻刻的能源消耗报表和趋势图。由此得出的能源消耗和趋势图反过来可以用于生产指导，通过不断的优化生产操作参数与调整原料的配比来达到稳定生产，降低烧结工序的能源消耗。整个过程是一个闭路循环的过程。

随着信息技术的不断发展进步，"成本日日清"的功能将日臻完善，只要我们充分利用好高新技术给烧结生产服务，烧结节能降耗的明天一定会更好。

（侯　通）

钢铁工业也环保

迈进负能炼钢的新时代

大家知道，炼钢炉是钢铁企业的能耗大户，容积越大，产量越多，能耗就越高。因此，节能不仅是钢铁企业的生命线，而且是钢铁企业永恒的课题。可是，你知道吗？在钢铁行业里，"负能炼钢"早已不是新闻。

"负能炼钢"只是一个工程概念，而非热力学平衡的概念。其含义是指炼钢过程中回收的煤气和蒸汽能量大于实际炼钢过程中消耗的水、电、风、气等能量总和。负能炼钢通常是针对转炉炼钢而言。一般情况下，转炉炼钢消耗的能量波动在吨钢 15~30 千克标煤，而回收的煤气、蒸汽的能量可折合吨钢 25~35 千克标煤，对同一座转炉而言，只要后者大于前者，就是属于负能炼钢。由此可见，实现负能炼钢，一方面要努力降低炼钢能耗，另一方面就是加强回收，提高能量回收效率。

宝钢是我国最早实现负能炼钢的企业。宝钢炼钢厂从 1985 年 9 月投产以来，就开始实施负能炼钢工艺的研究，转炉炼钢工序能耗从 1985 年的吨钢 12.42 千克标煤降低到 1998 年的吨钢 –11.33 千克标煤，创造了世界先进水平。1995 年宝钢进一步实现炼钢—连铸全工序负能炼钢，使我国转炉负能炼钢技术发展到一个新水平。1999 年，武钢三炼钢厂 250 吨转炉实现负能炼钢；2002~2003 年，马钢一炼钢、

鞍钢一炼钢、本溪炼钢厂等一批中型转炉基本实现负能炼钢；2000年12月，莱钢25吨小型转炉基本实现负能炼钢。目前，我国大型转炉负能炼钢技术已经完全成熟，并达到国际领先水平，已经全部普及；中型转炉负能炼钢技术日趋成熟，负能炼钢技术推广应用方兴未艾，全部实现负能炼钢指日可待；虽然我国有莱钢25吨小型转炉基本实现负能炼钢的成功案例，但是绝大部分小型转炉由于没有广泛采取煤气回收技术，尚未实现负能炼钢。

最初提出"负能炼钢"概念时，炼钢工序相对简单，以转炉为主。因此转炉工序定义为从铁水到进厂至钢水上连铸平台的全部工艺过程。随着炼钢技术的发展，现代炼钢厂增加了铁水脱硫预处理、炉外精炼等新的工序。尤其是炉外精炼的能耗比较高，过去计算炼钢能耗时没有包括这一部分。现在，宝钢、武钢等钢铁企业将炉外精炼的能耗计算在炼钢总能耗之中，这对当前实现负能炼钢提出了新挑战。

毫无疑问，"负能炼钢"是今后我国转炉炼钢工艺发展的重要技术方向，在与时俱进的今天，很有必要对传统的"负能炼钢"概念进行技术扩充：一是引入过程温度控制的能量效应这一概念，严把温度损失关；二是引入铁钢比的节能效益，合理降低铁钢比；三是引入降低铁耗和减少渣量的节能效率，双管齐下，节能效果必定十分显著。

革命尚未成功，同志仍需努力。一方面，我国中型转炉实现负能炼钢进入"倒计时"，另一方面，随着国家淘汰钢铁落后产能步伐的加快，能耗高、污染大的小型转炉即将全部退出历史舞台，届时，我国钢铁企业将迈进一个"负能炼钢"的新时代。

（李国甫）

焦炉的余热怎样回收与利用？

我国钢铁行业节能减排已进入攻坚阶段，焦化行业作为能源－煤炭干馏加工转换的重要行业，亟待推广应用一批先进的节能减排支撑技术，挖掘节能降耗潜力，实现"资源－能源－再资源"的综合利用，焦炉余热余能如何回收利用问题，便摆在了人们的面前。

在焦炭的生产过程中，950~1050℃炽热红焦从炼焦炉带出的显热（高温余热）占焦炉热损失的37%；650~850℃焦炉荒煤气带出热（中温余热）占焦炉热支出的36%；

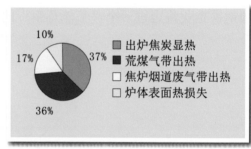

■ 炼焦过程的热损失比重

180~250℃焦炉烟道废气带出热（低温余热）占焦炉热支出的17%；炉体表面热损失占焦炉热支出的10%。怎样才能把这些热损失"收编"回来再利用呢？

● 红焦余热的回收利用

用干法熄焦替代传统的湿法熄焦工艺，回收红焦约80%的显热，是回收利用红焦显热的成熟而有效技术，平均每熄1吨红焦产生的蒸汽净发电90~105千瓦时，可降低炼焦工序每吨焦能耗10~20公斤标煤，每吨干熄焦炭可以减排0.1~0.18吨的二氧化碳，还能改善焦炭质量，具有明显的经济效益和社会效益。

对焦炭规模为100万吨／年的焦化厂而言，采用干熄焦技术，每年可以减少 8~10 万吨动力煤燃烧对大气的污染，相当于少向大气排放烟尘 160 吨、二氧化硫约 140 吨，尤其是每年可以减排 12 万吨二氧化碳。

武钢焦化公司干熄焦装置的生产操作实践为例，焦炭质量显著改善，焦炭抗碎强度提高 3.5%，焦炭耐磨强度改善 0.7%，焦炭热性能指标反应后强度提高 2.3%，反应性降低 2.4%，焦炭粒度均匀，水分稳定。

干法熄焦技术是我国发展较快的重大节能减排技术，已被确定为"中国焦化行业技术发展指南项目"，焦化行业要把发展循环低碳经济为重任，落实国家产业政策，用干熄焦工艺提升炼焦水平。

炼焦荒煤气显热的回收利用

炼焦煤在焦炉的炭化室干馏后产生 700~750℃ 的焦炉荒煤气

■ 回收红焦余热的干熄焦装置

（炼焦过程产生的未经净化处理的煤气称为荒煤气），这部分荒煤气带出的热损失约占焦炉散热量的 36%，为了后序煤气脱硫及煤气输送的要求，这部分荒煤气必须喷洒温度在 65~70℃含氨的循环水来降温（1 吨装炉煤需 5~6 吨循环水降温），使荒煤气温度达到 80~100℃。这种靠氨水蒸发的潜热，来降温煤气温度便造成热量白白损失。

焦炉荒煤气余热如何回收，几十年来一直是焦化界一大技术难题，难就难在使用何种适宜的回收装置，在 800℃的烟熏火烤的环境中回收余热。

从 20 世纪 80 年代起，炼焦工作者就此技术进行了广泛的探索，以焦炉荒煤气导出装置的上升管为基础（把垂直坐落在焦炉炭化室上的焦炉荒煤气导出管称为焦炉上升管），用导热油为热载体介质进行回收焦炉荒煤气中的部分热量，鞍钢、武钢、马钢等企业曾采用"上升管汽化冷却装置"，但在吸热介质、系统安全稳定性、操作维护等方面问题，未能实现长期稳定可靠的工业化运行。

武钢联合焦化公司分析原有装置存在的弊端，另辟蹊径，对材料、

结构、工艺做系统分析,从2008年开始,在吸热介质、热交换装置材料、系统安全稳定性等方面做重大改进,研发出低热应力的换热结构、高导热耐腐蚀的上升管内衬材料及高效导热介质材料,以高效微流态传热材料做换热材质的上升管。中试数据表明,荒煤气显热回收效率达32%,吨焦可降低炼焦工序能耗10公斤标煤。对于一个年产100万吨焦炭的焦化企业来说,每年可生产蒸汽10万吨,折合标煤约1万吨,年减排二氧化碳3.6万吨。

该项目已被国家发改委列为"低碳技术创新与产业化示范项目",并已在武钢8号焦炉(6米顶装焦炉)进行工业化示范试验,尚待进一步优化改进,在焦化行业有广泛的推广应用前景。

烟道废气余热的回收利用

焦炉烟囱废气的温度在180~250℃,带走约17%的焦炉损失热量,绝大多数焦化厂都是通过烟囱中放散至大气中,余热被白白浪费。目前焦化行业回收利用焦炉废气余热的技术途径有两种:以烟道气为热源的煤调湿技术及热管锅炉回收烟道废气技术。

其一是烟道废气余热用于煤调湿。煤调湿(Coal Moisture Control)是"装炉煤水分控制工艺"的简称,缩写为CMC,是将炼焦煤在装入焦炉前去除一部分水分,使配合煤水分稳定在7%~8%左右,然后装炉炼焦。其直接效益表现在:当煤料水分从11%下降至6%时,炼焦耗热量节省310兆焦/吨。

其二是烟道废气余热用于热管锅炉。安阳钢铁公司焦化厂对烟道废气余热用于洗浴进行可行性分析,通过换热量计算,把换热器放于烟囱根部,使冷水与烟道气换热,冷水被加热至约70℃,与烟道气换热后的热水压力升高后自流到高位水箱,每小时节约蒸汽3.2吨。

天津一家公司开发出利用热管锅炉回收焦炉烟道废气余热来生产

蒸汽的技术，设备简单、占地少、投资省、效果显著，其核心技术是采用宇航高科技产品—热管技术，回收焦炉废气中的显热，将软化水加热成水蒸气。山西太化焦化厂焦炉废气温度约 280℃、排放量约 14 万立方米 / 小时，采用热管锅炉回收废气余热来生产过热蒸汽，年可副产 0.8 兆帕过热蒸汽 6.9 万吨，节约锅炉加热用煤气 1100 万立方米，吨焦综合能耗降低 10 千克标准煤，同时二氧化碳、二氧化硫、氮氧化物排放量明显减少，达到了减少废气排放、改善大气环境、降低能源消耗和提高经济效益的目的。

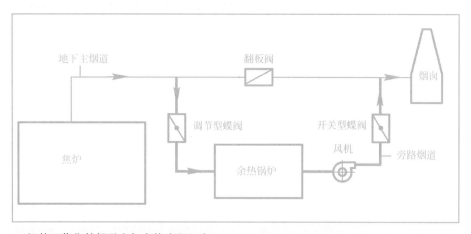

■ 锅炉回收焦炉烟道废气余热流程示意图

● 炉体表面散热的回收利用

　　焦炉炉体表面的热损失，主要表现在炉体机焦两侧的蓄热室封墙、加热煤气设备表面以及炉顶表面。机焦两侧蓄热室封墙及煤气废气盘，大多焦化企业通常用使用高隔热性能的海泡石涂层来实现保温；炉顶表面的散热的隔绝，南京一家公司研发出 HYLG 系列节能装煤孔盖，据宝钢、沙钢、京唐钢等企业使用证明，炉盖的表面平均温度，比普通炉盖的表面平均温度降低了 102℃，散热率减少 44.30%，节能 0.43%，焦炉炉顶立火道铸钢看火孔盖材质的改进，南京这家公司与宝钢正在研发试验中。

　　焦化行业具有能源转化的独特优势，炼焦余热余能回收利用的空间巨大，就目前研究及采用的技术方式看，干熄焦及烟道废气余热是较成熟的工艺，炼焦荒煤气显热回收利用及炉体表面散热回收利用技术，关键技术亟待突破，采用联合研发方式进行攻关，优化工艺路线，逐步推广应用，形成原始创新能力和集成创新能力，提高资源利用效率，促进资源高效利用及转型升级，实现焦化行业的清洁、高效、可持续发展。

（丰恒夫）

解读"洁净煤技术"

几十年来，煤炭一直支撑着我国经济的发展，中国已经初步形成了煤炭为主体、电力为中心、石油天然气和可再生能源全面发展的能源供应格局。煤炭在为国计民生立下"汗马功劳"的同时，也给环境带来了一系列污染，危及着生态平衡及人类生存，于是洁净煤技术便应运而生。

洁净煤技术是针对煤炭在开发利用的过程中，对环境造成的污染而提出的技术对策，早在1980年美国就提出了这一概念，其英语表述为Clean Coal Technology，简称CCT，已成为当代国际高新技术竞争的一个重要领域。

洁净煤技术的核心是要最大限度利用煤的资源，同时将污染降到最小限度，其基本框架有煤炭燃烧前的净化技术、燃烧中的净化技术和煤炭的转化技术。总之，人们要对煤炭进行"变性"的改造，使其再立新功。

● 煤炭的高效洗选技术

煤炭燃烧前的净化技术主要是选煤，通过物理或化学选煤、细菌脱硫的方法，使原煤脱灰、降硫，是国际公认的洁净煤技术重点，发达国家的原煤早已全部洗选，而我国原煤洗选的比例只有20%。对开采出来的原煤进行洗选，以降低原煤中的灰分，可以提高燃烧热效率，减少灰渣的产生；原煤经过脱硫，可降低废气中二氧化硫含量，利于脱硝处理，减轻对大气的污染。

煤炭的高效燃烧技术

煤炭燃烧中的净化技术要求推广先进高效的燃烧器，如流化床技术，不仅可提高热效率，还能使二氧化硫的排放量减少 50%。

水煤浆技术就是近年来出现的高效煤炭燃烧技术。所谓水煤浆是把约七成的煤加上三成的水和 1% 的添加剂，经研磨加工，变成黑色浓浆状的液态煤，像黑芝麻糊一样。这种液态煤具有燃烧效率高、污染物排放低的特点，"烧时不冒烟，烧出的灰是白色的"。水煤浆用管道输送，成本仅为火车运输的 30%，汽车运输的 15%。可用于发电站锅炉、工业锅炉和工业炉窑代油、代煤、代气燃烧，也可作气化原料，用于生产合成氨、烯烃等化工产品。灰渣还可再利用，制水泥和轻质砖等。

我国目前开发出第二代水煤浆技术——"分级研磨低阶煤制高浓度水煤浆"技术，解决了制高质量水煤浆技术，使得我国大部分煤种都可以用来制作水煤浆，特别是低阶煤的制浆浓度更高——从 60% 提高到 65% 以上。

气化水煤浆在印染、塑料、制革、建材等行业的应用前景十分广阔。化工企业把经过净化的废水与煤混合制作水煤浆，用作燃料燃烧锅炉发电、制蒸汽，灰渣给水泥厂，锅炉排放的烟气低于标准。

"十二五"期间，国家将严格控制 NO_x 对大气的污染，烟囱排放废气中的 NO_x 含量是重点控制指标。大力研发新型燃烧器，采用废气循环与多段加热相结合的组合燃烧技术，以及其他降低 NO_x 排放的技术措施，千方百计降低烟囱废气的 NO_x 排放。

煤的焦化技术

炼焦化学是当代煤化工加工转化率最高的技术，是所有煤化工产业的基础。炼焦煤在炼焦炉炭化室经过 1000℃ 高温的干馏过程，得

■ 大型煤气回收加工利用装置

到 75% 左右的焦炭及 25% 左右的煤气、焦油及粗苯，再经过加工精制可得到数百种煤化工产品。

近 30 年来，我国焦化行业得到了长足发展，炼焦炉的大型化与配套装置水平进步是炼焦技术进步的标志之一。在 20 世纪 80 年代以前，我国大中型焦化厂以炭化室高 4.3 米以下的为主体装备。随后 5.5 米大容积焦炉、6 米顶装焦炉、7 米焦炉，乃至 6.25 米捣固焦炉、7.63 米顶装焦炉相继建成，标志着我国焦炉大型化与配套装备水平已迈入国际先进行列。近年来，我国焦炭产量不但位居世界第一，炼焦技术也迈入世界前列，有力地支撑了我国国民经济的发展。

煤的液化汽化技术

煤炭的转化技术是要把洗煤来个"脱胎换骨",它分为液化和气化。

煤炭液化又分为直接液化和间接液化。直接液化法即在高温高压条件下,将煤加压加氢反应,直接转化成液态产品,煤中硫可回收制得元素硫,代表性的流程有美国的氢—煤(H-Coal)工艺。我国从70年代开始煤直接液化的研究,并生产出合格的汽油、柴油和航空煤油。神华集团煤直接液化一期250万吨/年工程已进入实施阶段。

间接液化是煤先气化生成原料气,然后再通过特殊反应以及蒸馏分离得到石脑油、柴油和汽油等终端产品。我国已建成了3个2000吨/时汽油的"煤变油"基地,在云南、山西、黑龙江等地煤炭液化示范性工厂,1吨煤可以生产4~5桶油,煤液化后的油收率达到了65%。煤炭液化工业化生产,是解决我国石油供需矛盾的一个有效途

■ 炭化室最高的 7.63 米炼焦炉

径，其前景甚是诱人。

煤气化是煤化工产业的核心所在，应用广泛、发展成熟。它是指把处理过的煤送入反应器，在一定的温度压力下，通过气化剂（空气、氧气），在缺氧条件下使煤炭不完全燃烧成为气体，该气体中主要含有一氧化碳、氢气和二氧化碳等，可以用为化工原料。煤气化的主要技术有壳牌粉煤气化、德士古水煤浆气化和 GSP 加压气化等，技术优势尤其是洁净煤气化技术以及先行企业优势较大。而真正降低煤化工产品成本的重中之重是获得便宜的甲醇，而具有煤炭优势和先进煤气化技术是降低甲醇成本的主要手段。

在未来的数十年内，以煤为主的能源结构在相当长时期内难以改变，能源的主角仍然是煤炭。随着石油危机的出现，煤化工产品替代液态燃料势在必行，煤的洁净化技术已成为 21 世纪解决环境问题的主导技术。

（丰恒夫）

"节水先锋"
—— 循环冷却水系统

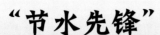

水是生命之源，是地球上最重要的物质之一。在工业生产过程中，水也扮演着举足轻重的角色，它是吸收和传递热量的良好介质，是冷却生产设备和产品、保护设备正常运转的利器。

水冷却系统，顾名思义是指利用水来进行冷却的系统，它分为直流冷却水系统和循环冷却水系统。直流冷却水系统中的冷却水仅使用一次就被排放掉，不需要其他冷却水构筑物，设备投资少，操作简便。然而它的用水量很大，其特点可概括为广大"车主朋友"深有体会的一句话——购置费用低，使用成本高。大量水的使用也不符合当前节约使用水资源的要求。因此，工业上常采用循环冷却水系统，它又分为封闭式冷却水系统和敞开式冷却水系统。它们都是先用冷却水对冷却对象进行冷却，这个过程中冷却水因为热交换变为热水，然后利用其他换热装置来使热水冷却后循环使用。

封闭式循环冷却水系统的特点是冷却水不暴露于空气中，水的损耗很少，水中各种杂质的浓度变化小。这种系统一般用于发电机、内燃机、或有特殊要求的单台换热设备。

敞开式循环冷却水系统，主要是由管道、水泵、各种阀门、水池、冷却塔等组成。冷却塔是一个塔型建筑，它利用水与空气在塔内进行热交换使冷却水降温，具有占地面积小、冷却效果好的特点。 在冷

却塔内，热水由塔顶向下喷淋成水滴或水膜状，空气由下而上或水平方向与水滴或水膜进行热交换，进行蒸发传热和接触传热，使水温降低，达到冷却的目的。

由于冷却塔是敞开式结构，因此冷却水在循环过程中要与空气接触，部分水在通过冷却塔时还会不断被蒸发损失掉，水中各种矿物质和离子含量也不断被浓缩增加。为了维持各种矿物质和离子含量稳定在某一个定值上，必须对系统补充一定量的冷却水，并排出一定量的浓缩水。

某工业循环冷却水管道系统 ■

除此之外，由于水的温度升高，水流速度的变化，水的蒸发，各种无机离子和有机物质的浓缩，冷却塔和冷水池在室外受到阳光照射、风吹雨淋、灰尘杂物的进入，以及设备结构和材料等多种因素的综合作用，会产生较为严重的沉积物的附着，腐蚀设备，并滋生大量菌藻微生物。沉积物附着的危害，轻者是降低换热器的传热效率，严重时则管道被堵塞。设备腐蚀常使换热器管壁被腐蚀穿孔，形成渗漏，污染水体。当穿孔的管道过多时，只有停产更换，造成经济损失。微生物和黏泥积附在换热器管壁上，不仅会引起腐蚀，还会使冷却水的流量减少，降低换热效率；严重时会将管道堵死，被迫停产清洗。

因此在使用敞开式循环冷却水系统时，必须要选择一种经济实用的循环冷却水处理方案，使上述问题得到解决或改善。目前常用的处理方案就是在循环水中加旁滤系统或者是投加药剂。

旁滤就是在循环水系统的管路上引出一部分水用过滤器进行过滤，过滤后的清水返回循环水系统，截留的浊度组成物质排出循环水系统外，这样可以去除和控制水中的悬浮物，降低水中的浊度。旁滤装置的过滤量通常为循环量的5%。

投加药剂就是投入良好的缓蚀剂、阻垢剂、分散剂，并对微生物进行控制。合适的缓蚀剂可以防止腐蚀、合适的阻垢剂可以防止结垢、

■ 循环冷却水系统的冷却塔

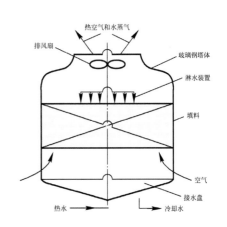

合适的分散剂可以防止黏泥垢、合适的杀菌剂能够控制微生物生长。处理后的循环冷却水中沉积物不会大量附着在设备及管道上，菌藻等微生物也不会大量滋生。这样才能稳定生产、保证设备及管道的使用寿命、延长检修周期。

由此可见，循环冷却水系统的在工业中应用后，能达到对设备冷却的目的，而冷水的用量大大降低，常可节约 95% 以上的冷却水。冷却水占工业用水量的 70% 左右。因此，循环冷却水系统起了节约大量工业用水的作用，是名副其实的工业生产"节水先锋"。

（陈 颖 汪丽娟）

露天料场的"环保卫士"
——防风抑尘墙

　　露天料场的扬尘污染是环保治理难点之一，长期困扰着露天料场的工作人员。这主要是由于原料场上露天存放的煤炭、矿石、石灰等散料货物在二级风以上天气时会产生不同程度的扬尘，此外，这些散货物料在装卸等机械作业中也会产生二次扬尘。这些粉尘严重污染大气环境，影响人们正常工作、生活，同时还造成了原料的大量损失。

　　如何解决料场扬尘的问题呢？目前，国内外普遍采用表面覆盖、水喷淋和防风抑尘墙技术等。表面覆盖技术是通过喷洒抑尘剂或覆盖膜来达到抑尘目的，操作复杂，消耗大量的人力和物力，只适用于不经常作业的堆场。水喷淋技术是通过在堆场周围设置水喷淋探头，在料场扬尘或作业的时候进行喷淋，但是水资源耗费大，冬季易结壳，也只适用于不经常作业的堆场。而防风抑尘墙技术的"闪亮登场"，不仅有效避免前两种技术的弊端，且效果良好，是目前解决散货物料扬尘污染的最佳选择。

　　什么是"防风抑尘墙"呢？顾名思义，防风抑尘墙是指一种"墙"体，当风经过时可有效降低风速，从而减少"墙"内货物的扬尘。它还有许多别名，如挡风抑尘墙、挡风抑尘板、抑尘板、防风网等等。

　　防风抑尘墙可不是个"初出茅庐"的"毛头小子"，它的研究和应用起步较早。日本、美国、英国等国家均对它进行了深入的研究和

■ 防风抑尘墙正面构造

广泛的应用。30 多年前，日本就已将防风抑尘墙应用于控制港口露天煤堆场的粉尘污染。我国于 20 世纪 80 年代末开始对防风抑尘墙进行研究，通过引进和消化国外防风网技术，于 20 世纪 90 年代中期在国内第一次提出了"挡风抑尘墙"技术，并于 1997 年在天津市塘沽区的露天煤堆场正式投入使用。同时，在国内实际工程的实施中，该技术逐步得到改进和完善。

那么防风抑尘墙的防尘机理和设计原理究竟是什么呢？

人们根据空气动力学的科学原理，通过设置挡风"墙"来最大限度地降低来风的"冲击力"，从而达到降低墙内货物起尘的目的。在考虑现场环境因素的影响下，首先在安装现场通过风洞实验的结果，加工制作成一定形状和性能的防风板，然后在现场将防风板组装成防风抑尘墙。这样的话，当空气从外通过墙体时，在墙体内侧形成上下干扰的气流以达到"外侧强风、内侧弱风；外侧小风、内侧无风"的效果，从而防止粉尘的飞扬。

"巧妇难为无米之炊"，为达到期望的防尘效果，还需要选取最合适的材料。根据使用目的、环境状态不同而选用不同的材料。人们可选用金属材料、高密度聚乙烯、EVA 树脂等。随着科学技术的进步，防风抑尘墙的材质也在不断的改进。防风抑尘墙一般采用质量轻、高强度和韧性、耐腐蚀、抗老化、使用寿命长（10~15 年）、整体美观及价格低廉的高分子无机非金属复合材料。

原料场的绿色环保卫士——防风抑尘墙的出现，给原料场的扬尘污染的治理带来新的力量。它具有许多技术优势：一是抑尘效果强。单层挡风墙抑尘效果可达 65%~85% 以上，双层挡风墙抑尘效果可达 75%~95% 左右。此外，大量实验结果表明，防风抑尘墙对风速、风压的减弱程度与风速的平方成正比。所以，风速越大，防风抑尘墙的抑尘效率越高，达到控制扬尘的效果越佳。因此，在风力较大的沿海及平原地带的原料场使用防风抑尘墙的较多。二是一次投资，长期受益。防风抑尘墙一旦建成，在使用过程中基本不用维修，不需消耗动力，适用于经常作业的料场。三是提高了社会效益和经济效益。防风抑尘墙一方面减少粉尘污染，保护了人们生活生产的环境；另一方面又减少矿石、煤炭的损失，节省了大量的原料资源。四是外形美观。随着新型材料的不断研发，墙面颜色可根据客户需求及现场环境选定，

防风抑尘墙背面构造

材质轻薄，远远望去，像一道美丽的风景线。

随着防风抑尘墙技术的日臻成熟，越来越多防风抑尘墙出现在原料场上，如浙江武港舟山码头散货料场、大连港矿石码头散料堆场、大同国电二电厂燃料堆场、山西长治潞安集团煤矿等等。

防风抑尘墙应用范围相当广泛，在农业上用于提供对农作物的微气候，在沙化比较严重的地区，用于减少沙石堆积。尤其是西北地区，干旱少雨，风大沙多，矿区密集，挡风抑尘任务艰巨，防风抑尘墙的应用推广及市场潜力前景广阔。

（陆小光　陈　敏）

除尘器和脱硫装置
——钢铁厂区中的"人造森林"

　　1872 年，英国科学家史密斯首先在工业城市发现了酸雨，从那时起，酸雨这一人类工业化的产物登上了人类历史的舞台。近代，随着人类生产生活对生存环境的破坏，大量酸性物质以气态的形式被排入大气，而在这些形成酸雨的物质中，二氧化硫所占比例最大。

　　据近几年的研究证实，二氧化硫也是构成"雾霾"的罪魁祸首之一。2013 年以来，全国平均雾霾日数为 29.9 天，较常年同期偏多 10.3 天，为 1961 年以来历史同期最多。酸雨和雾霾日数越来越多的重要原因是我国能源消费居高不下，造成大气污染物排放有增无减。到 2009 年为止，大气污染物已知约有 100 多种。如何在废气排放之前进行净化，沉淀粉尘、二氧化硫等污染物"元凶"，降低对大气的污染，是钢铁工业节能减排永恒的课题。

　　烧结生产是钢铁生产工艺流程中重要的工序之一，主要是将粉状铁矿石（如粉矿和精矿）配加一定比例的熔剂和燃料进行高温加热，在不完全熔化的条件下烧结成块的过程。从生产过程来看，焦炭和无烟煤为烧结过程提供热量，在物料运输和烧结反应过程中，将会产生大量的粉尘等可见污染物以及二氧化硫、氮氧化物等污染物，对大气产生一定的污染。

　　资料显示，森林是空气的"净化器"。凡生物都有吸收二氧化硫

的本领，但吸收速度和能力是不同的。植物叶面积巨大，吸收二氧化硫量要比其他物种大得多。据测定，森林中空气的二氧化硫量要比空旷地少 50% 左右。因此，在钢铁厂区植树绿化，形成一片又一片大大小小的森林，是大有裨益的。在现代钢铁企业厂区，人们除了可以看到自然界的绿色植物外，还可以看到另一番景象——由各类除尘器和脱硫装置一起构成的"人造森林"，它们对排放烟气中的污染物进行沉淀和控制，对生产中产生的烟气起到净化作用。

在粉尘的控制方面，主要任务是从气流中将粉尘分离出来。根据采用的除尘机理不同，可以将除尘设施归为四大类。一是机械式除尘器，作用于含尘气体的力是重力、惯性力及离心力，利用这些力让粉尘自然沉降。二是湿式除尘器，以水或是其他液体为捕捉粉尘粒子介质的除尘设施如喷淋洗涤器、文丘里除尘器等。三是过滤式除尘器，含尘气体与过滤介质之间依惯性碰撞、扩散、筛分等作用，实现气固

■ 整粒电除尘器

分离，其代表除尘器有布袋除尘器。四是电除尘器，利用强电场使气体发生电离，气体中的粉尘在电场力的作用下，沉积在集尘板从而达到气体与污染物分离的目的。

目前，在烧结厂采用得最多的除尘器为电除尘器和布袋除尘器。

烧结机机头除尘一般采用电除尘器。电除尘器的发明最早可以追溯到 1908 年，科特雷尔发表了一个关于电除尘器方面的专利，形成了电除尘器的雏形，并在赛尔拜冶炼厂建造了电除尘器，成功地回收了很难回收的硫酸雾。后来在他学生的协助下进行了改进发展，为在冶金和水泥工业中迅速推广奠定了基础，从 20 世纪 20 年代到 40 年代电除尘器开始广泛应用于其他行业。电除尘器由本体及直流高压电源两部分构成，本体中排列最基本的部分是一对电极，保持一定间距的金属集尘电极（又称收尘板或阳极板）与放电电极（又称电晕极或阴极线），产生电晕、捕捉粉尘。在高压直流电的作用下，阴极线周

围气体电离，产生大量自由电子及正离子，当含尘气体通过大量电子和正离子空间时，正离子和电子会附着在粉尘表面，在电场的作用下，荷电粉尘移动到阳极板上，通过振打阳极板，让粉尘落到电除尘器底部的收尘斗内，从而达到净化空气中粉尘的目的。

烧结机尾部一般采用布袋除尘方式，布袋除尘器除尘效率不受粉尘比电阻、浓度、粒度的影响，除尘效率高，可以达到99%以上，性能稳定可靠、操作简单。布袋除尘器的工作原理是在含尘气流通过多孔过滤布袋时收集粉尘，当粉尘收集到一定量，通过机械振打清灰、逆向气流清灰、振动反吹及脉冲喷清灰等方式清除布袋上的粉尘，进行收集。

熔剂破碎、燃料破碎系统，皮带运输系统应根据现场的工况条件选择适当的除尘器。根据国家环保部的要求，在2015年1月1日之前，通过采用先进的除尘技术，烧结机机头排放气体中颗粒物浓度要控制在每立方米（标态）80毫克以下，烧结机机尾排放气体中颗粒物浓度控制在每立方米（标态）50毫克以下；新建烧结机排放要求更加严格，机头排放气体中颗粒物浓度控制在每立方米（标态）50毫克，机尾排放气体中颗粒物浓度控制在每立方米（标态）30毫克以下。

我国能源结构以煤炭为主，其消耗量占我国能源消耗的70%，每种硫和含硫化合物的燃烧会产生大量二氧化硫。烧结生产排放的烟气中就含有大量的二氧化硫，降低二氧化硫排放是净化烟气的重要任务，烟气脱硫设施成为了我国大气污染治理的重要手段。烟气脱硫历史发展可以分为三个时间段：20世纪70年代，出现以石灰石湿法为代表的脱硫工艺；20世纪80年代，干法和半干法脱硫技术得到发展，主要有喷雾干燥法、炉内喷钙尾部烟气增湿活化脱硫法、烟气流化床脱硫等；20世纪90年代以后，湿法、干法和半干法脱硫工艺同步发展。

一般来说，湿法脱硫工艺采用浆液形式的脱硫剂，脱硫副产品含水量较高，需要浓缩脱水后才能得到副产品，其工艺技术成熟，效率高，运行可靠，操作简单，是目前世界上应用最广泛的一种烟气脱硫工艺，但存在占地面积大及烟羽消除难等问题；干法脱硫采用干态脱硫剂，脱硫副产品也是干态的固体；半干法介于湿法和干法两者之间，半干法和干法烟气脱硫工艺相对简单、投资较低，但存在脱硫副产物处理困难、脱硫效率和脱硫剂利用率低的问题。因此，选择烟气脱硫设施的工艺种类应该根据企业自身情况，结合各种脱硫工艺的技术特点，合理地选择烟气脱硫技术。

为了适应国家环保要求，武钢烧结厂自 2006 年开始实施烟气脱硫工程，目前已有两套烟气脱硫设施投运，分别为三烧的 NID 烟气脱硫设施和四烧的氨法烟气脱硫设施，这两套烟气脱硫设施的投运，极大发展了武钢的节能减排工作。

目前武钢三烧采用半干法脱硫法，主要原理是采用脱硫剂生石灰

■ 武钢三烧烟气脱硫

脱除烟气中二氧化硫、三氧化硫、氮氧化物等。经过测算，三烧采用的脱硫装置一年脱硫五千吨，脱硫量相当于栽种四万顷树木所吸收的二氧化硫。

武钢四烧采用氨吸收法脱硫，氨是一种良好的碱性脱硫剂，碱性强于钙基脱硫剂，用氨吸收烟气中的二氧化硫，反应速率高。该工艺在20世纪30年代开始研究，到20世纪90年代技术逐步成熟，氨吸收法脱硫工艺得到推广。氨液吸收烟气中的二氧化硫

■ 武钢四烧脱硫塔

之后，在富氧条件下氧化成为硫酸铵，再经过加热蒸发结晶析出硫酸铵，是一种高效化肥。

森林中树木可以吸附空气中的粉尘，烧结厂厂区中竖立的除尘器和脱硫设施正好起到了降低烟气中粉尘含量降低烟气中二氧化硫含量的效果，真可谓"钢铁丛林中的人造森林"。有了高效的除尘器和脱硫设施为生产中产生的烟气进行净化，未来天空会更蓝，空气会更清新。

（刘　忠　李富智　杨　慧）

钢铁工业也环保

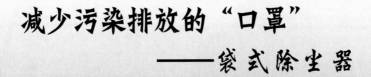

减少污染排放的"口罩"
——袋式除尘器

　　织物过滤已有几千年的历史，从遇风沙天气户外人员用织物过滤粉尘到现代医学用口罩防止病菌传染，都是利用织物过滤的形式保护人体健康，袋式除尘器也是利用这一原理。

　　袋式除尘器的工业生产始于第一次世界大战前。20 世纪以来，随着过滤材料和清灰技术的进步，袋式除尘器有了长足发展，发展到今天已成为一种主流除尘技术。

　　特别是进入 21 世纪，随着人民生活水平的提高，对居住环境的要求也越来越高，国家对颗粒排放要求越来越严格。袋式除尘器因其投资省、适应性强、运行稳定等特点，已经在烟尘污染治理领域占据了重要位置。

　　相对于机械式除尘器、电除尘器等除尘技术对粉尘性质的限制，袋式除尘器的要求就宽松多了，因此我国工业企业为了满足新的污染物排放标准，纷纷将现有电除尘器改造为布袋除尘器或电袋结合除尘方式，利用布袋除尘器的高效过滤满足日益严格的排放标准。

■ 机尾布袋除尘器

　　根据国家钢铁烧结、球团工业大气污染物排放标准，武钢烧结机机尾及其他除尘设备需在 2015 年 1 月 1 日前达到颗粒物每立方米排放 20 毫克的排放要求，因此袋式除尘器将成为未来武钢控制颗粒物排放的主要工艺。为了满足最严格的环保排放要求，烧结厂机尾除尘将采用"电串袋"方式，即保留原电除尘器，新建布袋除尘器串联的方案，这种方案可有效减少机尾高温气体对布袋的伤害，延长布袋使用寿命。而对于整粒、配料等常温除尘器则采用新建布袋除尘器的方案，确保污染物达标排放。

　　布袋除尘器要发挥良好的作用离不开性能良好的滤袋，滤袋的工艺从最初的棉、毛滤料发展到今天的化纤滤料，从常温滤料发展到现在耐温可达近300℃的高温滤料，布袋除尘器的应用越来越广泛。布袋除尘器的安装质量对布袋除尘器使用效果的影响同样密切相关，安

■ 机头布袋除尘器

装过程中布袋袋口与固定花板间的密封和布袋除尘器进气气流分布会直接影响布袋除尘器的排放和滤袋使用寿命，因此在布袋安装过程中一定要认真、仔细，才能确保布袋除尘发挥高效的过滤作用。

　　人类良好的生存环境离不开干净、清新的空气，利用袋式除尘器这一性能优良的"口罩"来阻隔烟尘的排放，可以有效保护我们的家园免受"霾"害，使我们能畅快、大口地呼吸。

（李富智　杨　慧）

"异性相吸"的烟尘净化器
——电除尘

早在公元前 600 年，古希腊人就发现，用毛皮摩擦琥珀棒，琥珀棒就能吸住细小的颗粒或纤维。电除尘器就是应用了这一原理。

电除尘也叫静电除尘器，它的工作原理很简单，就是用高压静电场使粉尘带电，然后在异性电极的"吸引"下被"捕捉"，从而达到除尘的目的。PM2.5、PM10 等细微颗粒物，也可以被电除尘"收入囊中"。

相比于家用吸尘器，电除尘堪称"吸尘器家族"里的"巨无霸"。它的除尘效率很高，一般可达到 90% 以上，广泛应用于产生大量含尘烟气的行业，从而大幅度降低排入大气层中的烟尘量。可以说，它是提高空气质量、改善大气污染的重要"法宝"，是名副其实的烟尘"净化器"。

1907 年，美国人乔治·科雷尔发明了世界上第一台用于捕集硫酸雾的电除尘器。目前，电除尘在冶金、水泥、煤气、发电、硫酸等行业中得到了广泛应用，大大减少了城市雾霾发生的几率。

"十一五"期间，武钢烧结厂 1 号、5 号烧结机大修改造完工，其配套的机头电除尘器，采用三电场双区六台控制机组的新型电除尘器，改变了原先三电场单室三台控制机组的局面，保证了除尘设施在局部故障的情况下，仍能保持高效的除尘能力。同时，新增声波清灰装置，改善了电除尘器的振打能力，减少了粉尘排放。"十二五"期间，烧结厂继续加大环保投入，对机尾电除尘器实施提效改造工程，

■ 武钢烧结厂 1 号烧结机电除尘

■ 武钢烧结厂 5 号烧结机电除尘

环境优美的武钢烧结新区 ■

2014 年建成投运。

此外，根据除尘原理的不同，人们还发明了过滤式除尘器、机械除尘器、湿式除尘器等，这些都能有效地去除大量的工业粉尘。

相信在不久的将来，还会出现更加高效的烟尘净化器，甚至是真正意义上的"空气净化器"，这样，彻底摆脱十面"霾"伏的困扰指日可待！

（潘雷杰）

高炉煤气干法"开荒"

　　高炉煤气是高炉炼铁过程中产生的副产品，其一氧化碳含量高达25%左右，是一种毒性很强的低热值气体燃料，也是重要的二次能源。但高炉煤气中夹带着很多粉尘，又名"荒煤气"，不进行除尘净化根本无法再利用。因此，荒煤气的"开荒"处理是高炉煤气利用不可缺少的环节。经过净化的高炉煤气不仅可以用于 TRT 余压发电，还可以提供给热风炉等客户进行再利用。

　　传统的"开荒"方法以湿法除尘为主，但是存在耗水量大、能源回收差（TRT 发电效率低）、高炉煤气温度低（40~50℃）等问题。而干法布袋除尘则是利用各种高孔隙率的织布或滤毡捕获气体中的尘粒以达到除尘的目的，不用水，无污染，能耗小，余压发电量可增加30%~50%。

　　1974 年 11 月，首座干法布袋除尘器在涉县铁厂 13 立方米高炉上建成。1981 年 5 月，临钢 3 号高炉上建成第一座 100 立方米高炉煤气干法布袋除尘器，效果显著。20 世纪 90 年代末期，随着电磁脉冲阀的投入使用，布袋清灰方式开始由反吹风改为脉冲喷吹清灰，过滤方式由内滤式改为外滤式，并采用玻纤针刺毡等新滤料，使高炉煤气干法布袋除尘工艺由大布袋反吹风方式发展为固定列管式喷吹清灰方式。干法除尘技术由此获得了新生，进入了新的发展阶段。经过持

续的研究和改造，武钢 5 号高炉于 2007 年成功应用干法布袋除尘技术，2009 年，武钢再次应用干法布袋除尘于 8 号高炉。高炉干法布袋除尘技术位于国家钢铁行业当前首要推广的"三干一电"（高炉煤气干法除尘、转炉煤气干法除尘、干熄焦和高炉煤气余压发电）之首，是一项重大的综合节能环保技术，它在武钢大型高炉上的推广应用，对落实武钢的"十二五"规划和可持续发展战略具有重要意义。

那么，高炉煤气到底是怎么进行干法"开荒"的呢？

■ 武钢 8 号高炉高炉煤气干法除尘装置

在高炉煤气进入干法布袋除尘处理之前，首先要进行旋风除尘器的"预处理"，将荒煤气中 50% 大粒度的灰从旋风除尘器中分离出来。这样一来，进入布袋除尘系统的灰量减少，粒度变细，减少了对输灰系统的阀门、输灰管道的磨损，延长了使用寿命，同时也可适当降低净煤气中的含尘量。当然也因此使得进入布袋除尘设施的灰密度变小，增加了箱体灰斗的排灰难度，同时易造成灰中轻金属（如金属锌等）的富集，严重时有可能造成灰自燃，给汽车运灰造成很大的困难，另

钢铁工业也环保

外还会使荒煤气的温降加大。

经过旋风除尘器后，再经由"半净"煤气主管分配到呈两列式布置的布袋除尘系统，进一步净化后除尘器过滤的方式采用外滤式。在除尘器荒煤气室内，颗粒较大的粉尘由于重力作用自然沉降进入灰斗，颗粒较小的粉尘随煤气上升，经过滤袋时，粉尘被阻留在滤袋的外表面，煤气实现精除尘。随着煤气过滤过程的不断进行，布袋外壁上的积灰逐渐增多，过滤阻力不断增大。当阻力增大（或时间）到一定值，DCS 集散控制系统自动控制滤袋口上方所设置的喷吹管实施周期性或定时、定压差的间歇脉冲氮气反吹，将黏附在滤袋上的积灰吹落至下部的灰斗中。当灰斗中的灰尘累积到一定量时，将除尘器灰斗下的电动球阀（常开）、气动闸阀打开，灰尘卸入仓泵罐体中，再由氮气将灰尘经输灰管道气力输送至大灰仓，大灰仓至一定灰位后，启动卸灰阀对排灰经加湿后由输灰车运出厂区。

然而，高炉煤气干法布袋"开荒"技术在实际应用中也有一定的局限性，它要求高炉炉况波动小，顶温在一定的范围内。其局限性存在的原因有两点：一是布袋不耐高温，当过滤的煤气温度高于 260℃

以上时，布袋会被高温气体烧蚀穿孔漏灰，大量的粗煤气粉尘进入到净煤气中，使布袋除尘器失去除尘过滤作用；二是布袋怕低温高湿，当过滤的煤气温度低于80℃时，粉尘易阻塞布袋，影响布袋的正常运行。这真是"革命尚未成功，同志更需努力"！

（包 岩 袁 冰）

钢 铁
浑身都是宝

GANGTIE

HUNSHEN DOUSHI BAO

粉煤灰：工业废渣综合利用的"排头兵"

提起粉煤灰，人们自然会联想到发电厂周围那灰蒙蒙、雾腾腾的"光灰"景象。据统计，一座10万千瓦时装机容量的发电厂，一年内排出的粉煤灰竟达10万吨之多！近年来，我国电力工业迅速发展，带来了粉煤灰排放量的急剧增加的困扰，2010年达到3亿多吨，给我国的国民经济建设及生态环境造成巨大的压力。污染大气、毒化水质，与民争地，曾几何时，粉煤灰作为一种特殊的公害，使人们忧心忡忡。但近十几年来，粉煤灰以它特有的性能受到科学家们的青睐，被广泛应用于建筑、建材、化工、水利等行业，成为城市工业废渣综合利用的"排头兵"。

粉煤灰

　　20世纪70年代，世界性能源危机、环境污染以及矿物资源的枯竭等困境强烈地激发了全世界对粉煤灰利用的研究和开发，有关粉煤灰再利用的国际性会议频频召开，研究工作日趋深入，应用方面也有了长足的进步。粉煤灰成为国际市场上引人注目的资源丰富、价格低廉、兴利除害的新兴建材原料和化工产品的原料，受到人们的广泛关注。目前，对粉煤灰的研究工作大都由理论研究转向应用研究，特别是着重资源化研究和开发利用。利用粉煤灰生产的产品在不断增加，技术在不断更新。国内外粉煤灰综合利用工作与过去相比较，发生了重大的变化，主要表现为：粉煤灰治理的指导思想已从过去的单纯环境角度转变为综合治理、资源化利用；粉煤灰综合利用的途径以从过去的路基、填方、混凝土掺和料、土壤改造等方面的应用外，发展到目前的在水泥原料、水泥混合材、大型水利枢纽工程、泵送混凝土、大体积混凝土制品、高级填料等高级化利用途径。

粉煤灰是一种火山灰质混合材料，同火山灰、硅藻土、烧黏土、烧页岩等相似。它们在磨细后，在有水分存在的情况下，特别是在水热处理（蒸汽养护）条件下，能与氢氧化钙或其他碱土氢氧化物发生化学反应，而生成具有水硬胶凝性能的化合物，所以它首先被大量用于生产各种建筑材料。由粉煤灰制成的粉煤灰硅酸盐水泥，不仅质轻，高强，而且抗水性好，因此，粉煤灰硅酸盐水泥特别适用于水工大体积建筑。我国三门峡、刘家峡等大坝工程都曾使用粉煤灰水泥，效果理想。目前，国内许多水利工程都迫切需要大量的粉煤灰硅酸盐水泥，以满足工程建设的需要。粉煤灰制砖也是综合利用的有效途径之一，其最大优点在于工艺简单，建厂速度快，吃灰量大。生产量最大的是蒸压粉煤灰砖，其次是粉煤灰碳化砖、粉煤灰泡沫保温砖和轻质黏土砖。

　　一些国家利用粉煤灰，磷石灰石作为胶凝材料，以工业锅炉的煤渣为骨料调制一种新型墙体材料，以取代传统的黏土砖，十分引人注目。值得一提的是上海建筑科学研究所的硅酸盐大墙板。40万吨粉煤灰可制作100万平方米这种外形美观、隔热性能好、质量轻、强度大的墙板。这种墙板无疑为快速建造楼房，采用"一模三板"新工艺提供了新的预制构件。

　　粉煤灰除大量用于建材工业外，令人不胜惊讶的是，它还是"营养丰富"的多元复合肥料。粉煤灰含有的钾、磷等对农作物有一定的肥效，还含有许多有利于农作物生长的微量元素。施用于农田，能够增加养分，提高土壤肥力。此外，粉煤灰还可用于提取金属。目前已实现工业化提取的有钼、锗、钒和铀。

　　我国粉煤灰"资源"丰富，浪费与污染也相当惊人。如何科学地、合理地处理、使用这一潜在的资源，变废为宝，我国的科研人员还有更艰巨的任务要完成。

（李国甫）

制作水泥的优质原料
——高炉炉渣

　　高炉炉渣是高炉炼铁产生的一种副产品，经加工处理，主要用于制作建筑材料。高炉生产过程中，入炉的各种原、燃料经冶炼后，除获得铁水（炼钢生铁或铸造生铁）和副产品高炉煤气以外，铁矿石中的脉石、燃料中的灰分与熔剂融合就形成液态炉渣，其一般温度为1450~1550℃，定时从铁口排出。

　　高炉炉渣中 CaO、MgO、SiO_2、Al_2O_3 为主要组成，占总量的95% 以上，这4种主要成分基本决定了高炉炉渣的冶金性能。冶炼一吨生铁一般产生炉渣 300~500 千克；年产 1000 万吨生铁的钢铁厂，大约每年产生 300~500 万吨炉渣。传统的大量高炉炉渣处理方法，都是作为废物由渣罐车运至渣场堆放，日积月累不仅占地甚大、环境污染严重，而且管理运输费用高，往往因渣罐车调拨不及时，影响高炉正常出渣、出铁。

　　随着高炉炉渣综合利用技术的发展，而今高炉炉渣都经过水淬制成水渣，作为生产建筑用水泥的优质原料。

　　液态的高炉熔渣经铁口排出，经高压水急剧冷却，使熔渣粒化为细小的固体颗粒，即为水渣，水渣脱水后，由皮带运至渣场，供生产水泥使用。高炉炉渣水淬处理的工艺和方法甚多，常用的有拉萨（RASA）法和英巴（INBA）法。

　　拉萨法。熔渣在渣沟端部被粒化器粒化，渣浆进入粗粒分离槽，蒸汽和有害气体处理后由烟囱排往大气，渣浆由渣泵吸出经管道、分

配槽装入脱水槽中，脱水后的水渣从槽底排放阀装入运渣车。从脱水槽滤网出来的水进入沉淀池外，粗粒分离槽中部分稀渣浆溢入中继槽，由中继泵也抽入沉淀池。在沉淀池中微粒水渣沉淀，由排泥泵再送到脱水槽。沉淀池中的清水（温水）进入温水槽，温水经冷却塔冷却后进入给水槽，冲渣水循环使用，消耗的水由新水补充。该工艺的优点是冲渣水可以闭路循环使用，消耗水量较少（吨渣 2.4 立方米）；占地面积较小，水渣装车外运方便。缺点是渣浆泵及管道的磨损严重，动力消耗大，维修费用高。

英巴法。英巴法的工艺流程与拉萨法相比不同之处是使脱水靠近冲渣地点，取消渣浆泵，渣浆脱水由脱水槽改为转鼓式水渣过滤装置，脱水后的水渣以皮带运输，其流程是：熔渣水淬后，渣浆进入水渣槽，而后从底部流出，经分配器被均匀地分配到滤网转鼓内，水经滤网过滤掉，转鼓内设有带滤网的叶板，随同转鼓转动将水渣从底部提升到顶部，并将水渣卸到伸入转鼓内的皮带运输机上，而后装入成品槽供外运。由转鼓过滤出的水集中在转鼓下面的集水槽中，由水泵抽到冷却塔中冷却。为防止转鼓滤网堵塞，在转鼓外用压缩空气和喷水清扫。近来此法应用较多。

高炉炉渣与水泥的化学成分近似，具有潜在的水硬胶凝性能，经石灰、石膏等激发就可由潜在转为显示的水硬胶凝性能，因此可以作为水泥原料。水渣经烘干后，配入少量石灰和无水石膏，用球磨机粉碎制成高炉炉渣水泥。高炉炉渣水泥可制成各种混凝土制品，广泛用于建筑业。

作为生产水泥原料的水渣对化学成分及物理性能都有一定的质量要求。高炉炉渣的化学成分除特殊矿石冶炼（例如攀钢的高钛渣）以外，一般都能满足质量要求，而且炉渣的化学成分取决于高炉冶炼工艺本

■ 武钢 5 号高炉炉渣处理槽

身，水淬处理不能改变炉渣的化学成分。对物理性能的要求玻璃化率要高于 95%，这取决于熔渣的急冷速度，急冷速度快则玻璃化率高。熔渣温度高、水淬用水温度低、水量大、渣与水良好接触，有利于提高玻璃化率。对水渣成品还要求含水量低、堆密度大和粒度细，以减少水泥厂的能耗和降低运输费用。

（李　进）

"会呼吸"的钢渣透水沥青混凝土路面

　　六月的天气如小孩的脸，说变就变。刚刚在武汉长江南岸还是晴空万里，过了长江就是暴雨如注，汽车的刮雨器不停地将雨水赶出挡风玻璃，疾驰的车轮也卷起一片片水花。然而，当汽车开到大广高速武英段，车轮下的水花却没有了。随行的武汉理工大学教授示意我们停下车，并介绍说，这段试验路段铺筑了透水沥青混凝土，再大的雨路面也不会积水。它在晴热高温时，还会蒸发出水蒸气，使路面温度不至于过高，就像人一样"会呼吸"，是种亲近自然的绿色环保混凝土。

　　在我们生活的城市，地表已经逐步被钢筋混凝土的房屋建筑和不透水的路面所覆盖，与自然的土壤相比，现代化地表给城市带来一系列的问题。不透水的路面阻碍了雨水的下渗，使得雨水对地下水的补充被阻断，再加上地下水的过度抽取，城市地面很容易产生下沉。传统的密实路表面，轮胎噪声大。车辆高速行驶过程中，轮胎滚进时会将空气压入轮胎和路面间，待轮胎滚过，空气又会迅速膨胀而发出噪声，雨天这种噪声尤为明显，影响了居民的生活与工作。传统城市路面为不透水结构，雨水通过路表排除，泄流能力有限，当遇到大雨或暴雨时，雨水容易在路面汇集，大量集中在机动车和自行车道上，导致路面大范围积水。不透水路面使城市空气湿度降低，加速了城市热岛效应的形成。它还是"死亡性地面"，会影响地面的生态系统，它使水生态无法正常循环，打破了城市生态系统的平衡，影响了植被的正常生长。

透水混凝土自 20 世纪七八十年代开始研究和应用，就表现出了其"会呼吸"的环保特点。它一开始就是针对传统城市道路的路面缺陷，开发使用的一种能让雨水流入地下，有效补充地下水，缓解城市的地下水位急剧下降等等的一些城市环境问题。并且，它能有效地消除地面上的油类化合物等对环境污染的危害；同时，它是保护地下水、维护生态平衡、能缓解城市热岛效应的优良的铺装材料；其在利于人类生存环境的良性发展及城市雨水管理与水污染防治等工作上，具有特殊的重要意义。

武钢钢渣铺筑的透水路面 ■

因此，透水混凝土技术在欧美、日本等国得到大量推广，如德国预期要在短期内将90%的道路改造成透水混凝土，改变过去破坏城市生态的地面铺设，使透水混凝土路面取得广泛的社会效益。透水混凝土适合用于停车场、人行道、自行车道、普通道路、车站广场等。韩国的一家企业曾经将透水混凝土引进到沈阳"世园会"。

然而，早期的透水混凝土是由骨料、水泥和水拌制而成的一种多孔轻质混凝土，它不含细骨料，由粗骨料表面包覆一薄层水泥浆相互黏结而形成孔穴均匀分布的蜂窝状结构，故具有透气、透水和重量轻的特点，俗称无砂混凝土。

钢渣是炼钢过程中产生的一种废弃物，其具有量大、成分复杂的特点。长期以来，我国都没有找到一种大规模利用的方法。钢渣长期堆积，不仅侵占良田，而且会污染环境。但是钢渣是一种丰富微孔性耐磨材料，将其用于制备透水沥青混凝土路面，可以发挥钢渣的耐磨性及良好的透水性。武钢金属资源公司和武汉理工大学采用粗钢渣作为透水混凝土粗骨料，使用总骨料20%重量的细钢渣作细骨料，用粉煤灰、矿渣微细粉等作掺合料，利用沥青来拌制透水混凝土。

钢渣透水沥青混凝土既解决了钢渣长期堆放产生的污染问题，又解决了普通的水泥透水混凝土强度低问题，使配制的透水混凝土路面的强度等级达到C30以上，远高于一般水泥透水砖的技术指标，能直接应用到高速公路上；孔隙率大于25%，透水性可以达到52升/（米·小时），远远高于最有效的降雨在最优秀的排水配置下的排出

■ 武钢钢渣透水沥青混凝土路面

速率透水性；抗冻融循环远大于 D100，比一般混凝土路面拥有更强
的抗冻融能力，不会受冻融影响面断裂，因为它的结构本身有较大的
孔隙。值得一提的是，钢渣沥青透水混凝土可以拥有色彩优化配比方
案，能够配合设计师的独特创意，实现不同环境和个性所要求的装饰
风格，可以实现用户使用心情的愉悦，这是一般透水砖很难实现的。
而且钢渣沥青透水混凝土具有良好的易维护性。在以往的透水混凝土
的使用中，人们总是担心透水混凝土会出现孔隙堵塞问题。其实在钢
渣沥青透水混凝土中，这种担心是没有必要的，特有的透水性铺装系
统使其只需通过高压水洗的方式就可以轻而易举的解决。

用钢渣配制沥青透水混凝土可以实现沥青路面亲近自然地呼吸，它可以保证在雨天时雨水顺着钢渣沥青混凝土路面渗透到路面排水层，最终排放到地下管网；而晴热天气时，钢渣沥青混凝土的基层和底基层中的水分可以缓慢蒸发到沥青混凝土路面的面层，降低地表温度，调解空气中的湿度。因此，为了我们共同的地球家园，我们需要大力地推广这种智能型"会呼吸的路面"技术——钢渣透水沥青混凝土路面。

（李灿华）

废钢
——一种发展前景广阔的循环资源

　　废钢是指在生产、生活中淘汰或损坏的作为可回收资源的废旧钢铁，其含碳量一般小于 2.0%，硫、磷含量一般小于 0.05%。目前全世界每年消耗的废钢总量约为 5.7 亿吨，其中我国每年消耗废钢约 9000 万吨左右。作为世界第一钢铁大国，我国未来的废钢资源发展前景广阔。

　　钢铁生产流程大致可以分为转炉流程（长流程）和电炉流程（短流程），目前转炉流程仍然是现代钢铁生产工艺的主流。无论是转炉流程还是电炉流程，废钢都是现代钢铁生产工艺中不可或缺的原料。其中，电炉炼钢废钢原料约占 70%，转炉炼钢废钢原料约为 8%~20%。作为节能环保的再生资源，废钢相对于铁矿石炼钢可以节约大量的人力、物力、财力，减少诸多如采矿、选矿、烧结、炼铁等多道生产环节，不仅节省矿石资源，而且也是降低能源消耗和生产成本的重要措施。据统计，使用废钢炼钢，向大气排放的污染物比使用矿石炼钢要减少 86%，对水污染减轻 76%，减少固体废弃物排放 72%。随着全球铁矿石资源的减少和未来炼钢工艺的不断发展，铁矿石将逐步退出炼钢炉料的核心地位，废钢则将取代铁矿石成为"冶炼循环"的主体原料，其经济效益和环保效益将越来越明显。

　　目前世界各国都在积极有效地回收利用废钢资源，以减少对矿物资源的依赖和能源的长期过度消耗，与发达国家相比，我国当前的废钢回收利用水平还不高。废钢平均单耗是衡量一个国家废钢利用水平

的重要指标，近年来我国废钢铁单耗水平一直维持在较低水平（约为吨钢150千克），而近年全球废钢单耗一直保持在吨钢400千克左右。造成我国目前废钢单耗不高是由多种因素造成的：（1）当前国内的废钢积蓄量不高。改革开放后我国经济进入高速发展通道，废钢积蓄量也稳步上升，但我国的工业化进程还比较短，社会废钢供给不能满足钢铁行业需求。（2）我国钢铁行业电炉炼钢比重小。电炉炼钢是废钢消费的主力，多年以来由于受到电力资源不足和废钢资源短缺的制约，我国电炉钢发展一直比较缓慢。（3）我国生铁产量增长较快。近年来，由于生铁产量稳步增长，造成生铁具有价格优势，而废钢的价格相对较高且不稳定，导致钢厂多用生铁少用废钢。（4）废钢加工处理配送系统不完善。目前国内大部分废钢仍然是由人工加工或简单的机械加工完成，废钢质量参差不齐，导致钢厂使用废钢炉料的积极性不高。

■ 废钢接卸现场

■ 废钢打包加工

　　尽管有以上不利因素,但随着废钢供应市场的成熟及技术的革新,废钢必将迎来发展的春天。如今,我国废钢资源回收总量已达每年1亿吨,据测算,2020年废钢的需求总量将达到2亿吨,这意味着,废钢资源供需间的缺口仍然很大。在《钢铁工业"十二五"发展规划》中,国家也明确提出了废钢产业化发展的目标,只有加快现有废钢回收的步伐,大力加强废钢的开发利用,才能更好地满足我国钢铁工业发展的需要。目前国内废钢铁回收、处理和加工行业的竞争正逐步加剧,不仅传统废旧资源回收公司加大扩张,而且不少钢厂也加入到了争夺废钢铁资源的竞争中。整体上看,我国废钢处理加工网点和配送

服务还比较分散，和国内的粗钢产量相比，即使是废钢铁回收加工行业的标杆企业，产能规模也相对偏小。在经济效益与环境效益的双重催生下，废钢产业将逐渐发展、整合，并取代矿石产业成为钢铁生产的第一大原料支柱产业，未来我国钢铁工业将由高能耗、高排放、高污染，转变成低能耗、低排放、低污染的生态工业。

铁矿石属于不可再生资源，全球铁矿石终有消耗完的一天，而废钢作为铁矿石唯一的替代品，是一种优质的可再生资源，从炼钢—钢材—使用—报废—回炉，钢铁每隔几十年是一个无限循环使用的过程，可以预见，未来我国的废钢需求将来会出现快速增长，开发前景广阔。

（何清平）

安全使用焦炉煤气这把"双刃剑"

　　煤气在冶金企业中应用广泛,具有输送方便、操作简单、燃烧效率高、温度易于调节等优点,是冶金行业主要燃料之一。但煤气使用不当会造成中毒、着火甚至爆炸事故。因此,它也是一把"双刃剑"。如何利用好这把"双刃剑",使其为工业生产服务,已成为冶金企业安全生产中不可忽视的重要命题。

　　冶金行业常用的煤气分为高炉煤气、焦炉煤气和转炉煤气。其中焦炉煤气是在炼焦过程中煤在高温干馏时的气态产物。由于它的热值高,在冶金行业得到广泛的应用。

　　净化后的焦炉煤气是无色、有臭味、有毒的易燃易爆气体,比重为 0.3623 千克／立方米,热值 16747~18003 千焦／立方米,着火温度为 550~650℃,理论燃烧温度为 2150℃左右,爆炸极限 4.5%~35.8%。焦炉煤气中的有毒成分主要是 CO 和 CH_4, N_2 和 CO_2 也会造成人的窒息和中毒;其可燃成分有 CO、H_2、CH_4、C_mH_n 等,不可燃成分有 CO_2、N_2 和少量助燃成分 O_2。

■ 冶金行业使用的各种便携式煤气报警仪

　　焦炉煤气的成分决定了其易燃、易爆、易中毒的特性，所以煤气作业、煤气设备的检修，具有相当大的危险性。

　　焦炉煤气中毒即 CO 中毒，CO 是一种无色、无臭、无刺激性的气体，人体感觉器官很难发现它的存在。CO 与血红素的结合能力比氧与血色素的结合能力大 300 倍，因此一旦被人体吸收，使血液中毒，失去载氧能力，就易造成人体缺氧；当 3/4 的血红素被 CO 凝结后，人很快就会死亡。

　　焦炉煤气中 CO 的含量不多，相对于其他煤气来说，焦炉煤气的毒性要小一些。但是我们在使用过程中，也不能掉以轻心。生产、输送、使用焦炉煤气的设备和管道阀门，一旦密封不严、操作不当、腐蚀严重，就会有煤气泄漏，如果作业场所的通风设施不良，或者进入容器内作业时，容器内残存有煤气，作业人员未采取安全防护措施，就会造成煤气中毒事故。

■ 维护人员对煤气管道及附属设施进行每日巡检

易燃与中毒不同，我们既要利用这一特性，也要防范它。焦炉煤气中含有 H_2、CO、CH_4、C_mH_n（不饱和烃类）等可燃气体，当生产、储存、输送煤气的设备和管道发生煤气泄漏，煤气中的可燃气体和空气中的氧会进行强烈的氧化反应，由缓慢逐步转变达到煤气着火温度时，一旦遇到外界热源或明火，煤气就会着火。

煤气爆炸是煤气燃烧的一种特殊形式。当煤气在压力容器或密闭容器（如管道）等有限空间内与空气混合，在一定条件下发生剧烈燃烧反应，容器内的全部混合物就在一瞬间完全燃尽，容器内的压力猛然增大，产生强大的冲击波，这种现象就是煤气爆炸。

那么，上述三大危害在工业生产中该怎么预防呢？

首先，在预防煤气中毒方面。从根本上说，要防止煤气中毒事故的发生，一是严禁煤气泄漏，二是当煤气泄漏或带煤气作业时，一定

要佩戴防毒面具或采取其他安全措施。

在生产中，为防止煤气中毒事故发生，凡大修、改造或新建煤气设备投产前，必须经过严格的强度试验和严密性试验；凡进入煤气设备内作业，必须可靠切断煤气来源，将设备内残余煤气处理净，设备内 CO 含量不超过 30 毫克/立方米（24ppm）；凡属于带煤气作业，必须佩戴防毒面具或通风式面罩；对煤气设备集中的场所应设固定式 CO 报警仪。

在处理煤气着火方面。焦炉煤气着火后，如果是火势不大的初期火情，可用黄沙、湿泥等扑灭；如果是煤气管道着火，管径小于 100 毫米，可直接关闭阀门，切断煤气来源，达到灭火的目的；管径大于 100 毫米的煤气管道着火时，应缓慢关闭阀门，留 10~15 毫米火苗时，再全关煤气阀门；或先向煤气管道内通入蒸汽或氮气，待火熄灭后再关闭煤气阀门，防止煤气回火。

在预防煤气爆炸方面。对工业炉的点火作业应先点火，后送煤气；第一次点火失败后，应隔 10~20 分钟，等炉窑内残余煤气处理净，经检测合格，再进行第二次点火；点火作业必须在煤气压力稳定时进行；所有的炉窑点火作业，均应从末端烧嘴开始，依次进行。

在焦炉煤气的使用过程中，企业主要要做到预防为主，这是焦炉煤气生产及使用的前提和关键问题，一旦煤气泄漏引发中毒、火灾和爆炸事故，就会造成企业生产链中断，使生产力下降甚至可能造成人身伤亡，产生无法估量的损失和难以挽回的影响，因此，正确和安全的使用焦炉煤气是冶金行业必须重视的问题，也是利用好这把双刃剑的关键。

煤气报警仪，也称 CO 报警仪，便携式煤气报警仪适用于煤气系统维护和检修人员随身携带，当在煤气区域工作时，便携式煤气报警仪可检测环境中的 CO 的浓度，当达到设定值时，会以声光震动的形式警示现场有煤气泄漏，需采取措施，并尽快离开危险区域。

由于煤气易燃、易爆、易中毒的特性，冶金行业的煤气维护人员需每日对煤气管道及其附属设施进行巡检，确保煤气系统的安全运行。

（陈　颖　汪丽娟）

钢铁浑身都是宝

红外线安全光幕
——摩擦压砖机工人的保护伞

　　"西游记"是大家耳熟能详的故事。其中的灵魂人物孙悟空拥有着一个神奇的金箍棒，在他不在师傅唐僧身边的时候，怕师傅被妖怪掠走，用金箍棒在地上画一个圈，唐僧站在里面，当妖怪来的时候，地上的圆圈会发出光芒，形成一个保护伞，那些小妖小怪也就奈何不了了。随着科技的不断发展，耐火材料行业中的摩擦压砖机的工人师傅们，也有了自己的生命保护伞——红外线安全光幕。

　　转炉、钢包、铁包用的耐火材料砖制品绝大部分是采用摩擦压砖机压制而成，具有生产效率高、产品质量好的特点，但是也是三人配合的生产岗位，如果配合不好，其中某人有思想情绪波动或走神，都会造成事故的发生，是耐火公司安全事故频发的设备之一。在 21 世纪以前，武钢流传这样一句谚语"耐火厂的手，运输部的脚"，这说明摩擦机成型安全风险特别大。耐火公司"工伤事故"非常多，都是摩擦压砖机造成的。

　　原来摩擦压砖机采用的是人工安全挡，但是由于安全挡靠人自己来操作，倒料和拿砖时，开压砖机的人就用手把安全挡拨过

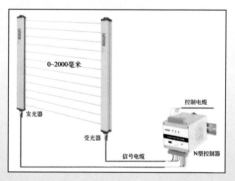

■ 红外线安全光幕装置

来，比较麻烦，影响生产任务的完成，一旦发生意外，如冲头滑块下垮、三人配合不当等原因，都会造成人身伤害事故。

现在采用先进的红外线光幕保护，它的快速响应时间小于20毫秒，当有人或物进入光幕区域，红外线扫描到障碍物后，产生信号给升降轮制动器控制电路，控制电路立即将升降轮制动器气缸电磁阀断电，电磁阀失电后，制动器气缸失压，制动器在弹簧力作用下抱住升

■ 工作中的摩擦机（前方）

■ 工作中的摩擦机（后方）

■ 高吨位液压摩擦机

钢铁浑身都是宝

降轮，同时切断下行电磁阀供电，使冲头不能下行，这样就切实地保护了操作人员带料、拿砖时冲头下落伤手事故的发生，最大限度地避免了危险。简单来说，只要有物体在红外线内活动设备就会立即停止下行并制动，杜绝了伤手伤人事故的发生。

由此看来，科学技术的发展在给我们生活带来快捷的同时，也为我们的安全提供了保护伞，让我们每一个珍贵的生命都得到更好的保护。

（郑继红　吕纾秀）

钢 铁
新面貌

GANGTIE
XINMIANMAO

高炉盛开新技术之花

　　近年来，我国高炉炼铁技术水平高速发展，使炼铁年生产能力超过 7 亿吨，宝钢、武钢、首钢、鞍钢等一批企业的大型高炉部分技术经济指标已达到或接进国际先进水平，炼铁工艺不断进步，为高炉炼铁做到高产、优质、低耗、长寿、环保创造了条件。

　　高炉炼铁生产是目前我国钢铁生产的重要环节，是多工种、多岗位密切配合的大生产，是连续不断进行的。高炉的生产技术水平在一定程度上代表了一个钢铁企业的生产和管理水平。一个完整的高炉炼铁工艺设备由高炉本体设备、高炉附属系统设备等组成。

　　高炉本体设备包括炉基、炉壳、炉衬及冷却设备和高炉框架组成。

　　高炉附属设备包括上料系统、炉顶装料（布料）系统、送风（含热风）系统、煤气净化系统、炉前渣铁处理系统和喷吹系统组成。

　　高炉本体就是一个竖式的圆形筒子，它由三部分组成，外层是由钢板焊接而成的炉壳，中间一层是冷却壁，内层是由耐火砖砌筑起来的炉衬。由于自然界里的铁元素大多是以铁氧化物状态存在于矿石中，高炉炼铁就是通过一定的还原手段，将铁矿石中的铁还原出来，并熔化成铁水。也就是通过把铁矿石（也称生矿）、烧结矿和球团矿（也称熟矿）等按一定的比例及焦炭等作为炉料，从高炉的上部不断地装入，并从高炉的下部风口鼓入 1000℃ 以上的热风、煤粉（或天然气等）和纯氧气（也称富氧鼓风），使焦炭和煤粉（或天然气等）在炉内风口前燃烧，产生具有 1400~1500℃ 以上的还原性气体（CO、H_2），

炽热的还原性气体（CO、H$_2$）在高炉内上升的过程中，将下降的炉料加热，并与之发生氧化、还原反应，使矿石中的金属元素被还原出来，随着炉料的下降再进一步熔化和发生渗碳反应，最后形成生铁和炉渣沉积在炉缸部位，并定期从高炉下部的铁口中排出，而反应产生的气态产物——高炉煤气（也称荒煤气），则从炉顶排出，再经净化处理后成为气体燃料（也称净煤气）。

当前新设计的大型高炉（容积在 2500 立方米以上，武钢防城港项目高炉容积达到 5500 立方米，整个高炉的高度可达 70~80 米以上）的供（布）料系统一般均采用皮带机直接上料；烧结矿、焦炭经过不同尺寸的筛网进行筛选后，按照不同的粒度分级入炉工艺，并将筛下的焦丁和矿丁分别回收再利用，以及高炉的炉顶装料的料罐采用两个（或三个）并列布置（称为并罐）式的无料钟炉顶布料工艺，满足了高炉炉料分布控制技术的优化，炉顶压力设计值达 0.26~0.28 兆帕。

高炉本体设计采用优化炉型，关键区域铜冷却壁、薄炉衬及高等级耐火材料等，一代炉龄（无中修）寿命可望达到 20 年以上。高炉炉型采用矮胖炉型，加深死铁层高度，适当减小炉腹角以减小边缘气

■ 武钢 8 号高炉热风炉

流对炉腹和炉身下部的冲击。炉缸、炉底内衬采用炭砖加陶瓷垫组合结构，炉底采用高导热石墨砖，微孔炭砖，超微孔炭砖和陶瓷垫组合结构，风口、铁口区域采用组合砖结构等。

在高炉炉缸、炉底和风口以上区域，分别设置多层，几百个热电偶系统，用以检测炉底部位的温度分布，推断炉缸、炉底的侵蚀状况，指导炉缸、炉底的维护操作，检测炉身冷却壁壁体工作温度和炉衬、冷却壁的侵蚀状况，计算炉体热负荷，推断操作炉型，一般设置二到三层炉身静压力检测装置，用以推断软熔带位置，指导高炉布料操作，设置炉喉煤气十字测温装置和炉顶热成像装置，用以在线检测炉身上部的煤气分布，为优化高炉布料提供可靠的信息。设置有冷却水系统进出口压力，流量、温度检测和记录，炉顶煤气自动分析以及风口工

作检测等各种自动化检测装置。

冷却系统设备是高炉本体的重要设备，高炉采用软（纯）水密闭循环冷却系统新技术，是当前国内外长寿高炉技术进步的一项重要内容。武钢高炉软水密闭循环冷却系统是由：炉体冷却壁、炉底和风口、热风炉热风阀等子系统，以及补充水和换热器的二次水辅助系统组成。

在冷风系统中的鼓风机配备脱湿装置（也就是将空气中的水分去除），冷风管道设有富氧系统和加湿系统（也就是在鼓风中加入一定量的水蒸气，使得一年四季鼓风中的含水量保持稳定），富氧率设计值达 3.0%~8.0%。

在热风系统中，每座高炉配套建设三至四座热风炉，采用高效格子砖和双预热系统，把鼓风机鼓入的冷风再经过与加热的热风炉高效格子砖进行热交换，使高炉可获得 1200~1300℃的使用风温，在热风

出口、三岔口、检修人孔等易损坏部位以及热风支管、热风总管、热风环管内的工作层均采用组合砖技术，热风管道结构遵循无应力管系设计理念进行优化等。

　　喷吹煤粉系统采用大型中速磨煤机将原煤磨制成煤粉，利用封闭式混风烟气炉、热风炉高温废气（±200℃）将煤粉进行干燥，高效布袋一级收粉，二罐或三罐并列喷吹，输煤总管分配器的长距离浓相输送，喷煤总管流量检测等直接喷吹工艺，煤粉经喷吹总管输送到高炉分配器中，再经各喷煤支管喷入各个风口，采用浓相输送技术，固气比达每立方米气 30~40 千克煤，喷煤比达吨铁 180~250 千克。

　　炉前渣、铁处理系统，在 2500 立方米以上高炉均采用 3~4 个出铁口的布局，平坦化出铁场，每个铁口设有各自独立的开口机、泥炮、移盖机和摆动溜槽等设备，炉前出铁场均设置有除尘吸风口，除尘罩

和布袋除尘系统。

采用大型铁水罐车运送铁水（300~500吨），一罐到底的技术简化了生产作业流程，减少铁水温降，降低铁损，减少环境污染。渣处理系统采用英巴法或明特法炉渣处理工艺，冲渣水经过滤后重复使用，水渣经皮带机输送到堆渣场。

炉顶煤气净化系统，目前新设计的大型高炉均首选低压脉冲干式布袋除尘的全干法除尘工艺，采用低滤速的设计理念，确保系统运行安全可靠，经旋风除尘器和干法除尘净化后的高炉净煤气进入高炉配置的炉前干式TRT系统进行余压发电。

高炉操作采用高炉冶炼专家系统，布料计算模型，炉缸、炉身侵蚀模型等计算机自动控制系统。

总之，当前高炉炼铁工艺和设计理念的创新，使我国高炉炼铁系统大型化，淘汰落后的小高炉生产工艺有了坚实可靠的基础。进一步降低炼铁能耗，采取低燃料比冶炼，环保清洁炼铁是我国炼铁生产技术发展的方向。

（奚邦华）

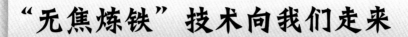

"无焦炼铁"技术向我们走来

　　随着炼焦煤资源的日益短缺和铁矿石存储量的逐渐匮乏，冶金学家们开发的无需焦煤炼焦、不用矿石造块的"绿色炼铁"时代正向我们走来。20 世纪 50 年代就出现了直接还原炼铁法，它是一种氧化铁不必熔化就可还原成金属铁的炼铁技术。经过五六十年的研究发展，还原炼铁的关键技术被攻破，工艺路线也不断优化。

　　以天然气作还原剂的直接还原炼铁技术有 Midrex 法及 Hyl 法，也有用煤作还原剂的。还原铁以其含有害杂质少的优点，可直接进入高炉、转炉或电炉，特别适用于电炉短流程钢厂的生产。在竖炉内，温度高达 900℃的还原气体，与混合球团矿、块矿发生还原反应，从而制得还原铁。目前这一技术正向连续化和大型化发展。

　　近年来，较成熟的直接还原铁生产工艺，得到了极大改善：采用流化床把铁矿粉生产碳化球团矿，从而制成碳化铁，它给电炉炼钢提供新铁源而带来了巨大变革；高温还原铁直接装入技术，即将从竖炉排出的温度达 650~700℃的还原铁直接装入转炉或电炉炼钢，可使电炉的电耗和电极耗降低 20%。

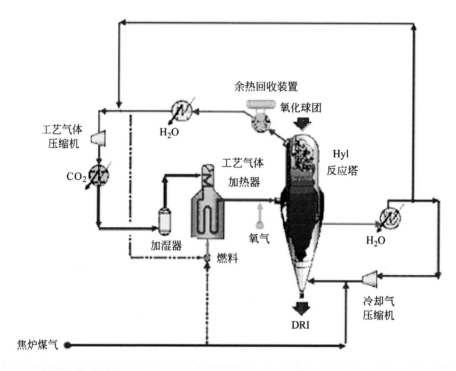

■ Hyl 技术工艺流程

目前世界炼铁界还正在研究的还原铁生产工艺大致有三种。其一是采用含碳球团的高温还原铁生产技术：以煤作碳材，利用固体碳的氧化反应，在1200℃下粉状固体碳和氧化铁混合成型为含碳球团；其二是采用转底炉快速生产还原铁技术：把含碳球团置于转底炉上用1300℃左右的高温快速加热，能在10分钟短的时间内生成还原铁；第三种是快速高温还原法生成粒铁：把含碳球放在转底炉上，用1400℃左右的高温快速加热，在氧化铁快速还原的同时，使碳渗入铁中，铁和渣相熔融，并能分离出渣成分。

无焦炼铁的另一种技术是熔融还原方法，已投入工业化生产的有Corex法，它的特点是可直接使用煤炭来炼铁，不需要建焦炉，流程短，污染小，占地少，成本低。目前世界上已有4座Corex装置在运行，与传统的高炉炼铁工艺相比，它有非常明显的优势，基本上不用焦炭，消除了炼焦过程的污染。甚至有专家还提出，把 Corex 技术和 Midrex（直接还原）技术形成联合流程，以推动"绿色炼铁"时代的早日到来。

2012 年世界直接还原铁的产量达 7400 万吨，2013 年再创新高，达 7522 万吨。我国早在上世纪就建立了一定规模的熔融炼铁试验基地，并密切跟踪 Corex 法这一当代钢铁工业的重大前沿科技，努力建设新一代绿色炼铁生产工艺，促进我国钢铁工业的可持续发展。

（丰恒夫）

钢铁新面貌

转炉自动炼钢的"秘密武器"
——副枪

  "副枪"与军事上的"枪"风马牛不相及，副枪设备是转炉在垂直状态不间断吹炼的情况下对钢水进行测温取样的有效工具。现代炼钢技术依靠副枪的测量来调节吹氧量和转炉原料的添加量，副枪是实现转炉自动炼钢的重要设备和关键技术。国外副枪技术的研究始于1959年，由美国伯利恒钢铁公司首次使用。国内则是20世纪70年代以来才开始在天津二炼钢、鞍钢三炼钢、太钢及首钢等钢厂进行副枪技术的试验研究。

  转炉自动炼钢，顾名思义，就是一种运用计算机控制设备进行炼钢的自动控制技术。在转炉兑铁前，根据铁水的成分、温度、重量以及计划钢种由二级计算机计算出炼钢过程需要的吹氧量、熔剂及冷却剂加入量等静态炼钢模型数据，在吹炼后期，通过"秘密武器"——副枪，获得钢水温度、成分等信息，再由二级计算机根据目标要求做出动态炼钢模型调整数据，以确保炼钢终点达到由二级计算机设定的命中区，从而实现炼钢的实时动态自动控制。该技术是集自动控制、冶金机理、生产工艺、数学模型、人工智能、数字仿真、计算机等多种技术于一体的高难度复杂技术。它的实现过程包括静态、动态数学模型的二级计算机控制系统及副枪数据处理系统，是理论计算、专家经验和先进检测手段相结合的采用计算机以及 PLC 进行控制的科学炼钢方法，是伴随着计算机网络技术和计算机信息技术，以及工业控制技术和工业控制网络的发展而逐步发展起来的，是目前转炉炼钢逐步走向成熟的一项关键技术。

我们知道，常规经验炼钢是靠人工经验操作，通过肉眼观察到的现象通过经验判断转炉冶炼过程的状态，与传统经验炼钢相比，计算机控制的炼钢具有以下优势：

能较精确地计算吹炼参数。计算机控制炼钢计算模型是半机理半经验的模型，且可不断优化，比经验炼钢的粗略计算要精确得多，可将其吹炼的氧耗量和熔剂加入量控制在最佳范围，合金和耐火材料消耗量也有明显的降低。

终点测温取样不倒炉。计算机控制炼钢补吹率一般小于 8%，比经验炼钢低 50% 以上，其冶炼周期可缩短 5~10 分钟，减少了等成分温降和炉衬侵蚀。

终点 C-T 命中率高。计算机控制吹炼终点 C-T 命中率一般不小于 80%，先进水平不小于 90%；经验炼钢终点 C-T 命中率约 60%；大幅提高了终点 C-T 命中率。因此，钢液中的气体含量低，钢质量得到改善。

钢铁新面貌

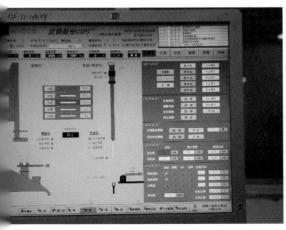

■ 武钢 CSP 转炉副枪系统 HMI 画面

■ 转炉吹炼终点副枪测温、取样

改善劳动条件。计算机控制炼钢采用副枪测温取样，减轻了工人的劳动强度，也减少了倒炉冒烟的污染，改善了劳动环境。

自 1967 年实现转炉动态控制以来，转炉炼钢过程控制逐步由静态控制向动态控制发展，动态控制又从单纯的副枪钢液测定向钢液、炉气复合测定发展，进而过渡到钢液、炉气、炉渣的全面测定，实现快速直接出钢的全自动闭环控制。

武钢于 1992 年在二炼钢引进副枪计算机自动控制系统，开始对转炉自动炼钢技术的研究。至今为止，三炼钢、四炼钢及 CSP 已连续投入副枪系统，开始将自动炼钢技术投入生产应用。通过在实际生产中不断修正和完善模型，武钢已形成一套拥有自主产权的自动炼钢控制技术，并开发出与之配套的副枪设备和自动控制系统。目前，投入最晚的 CSP 转炉自动炼钢系统，其自动炼钢技术已趋于完善，其转炉终点 C-T 命中率达到 85% 以上。

（刘先同）

一颗熠熠生辉的钢铁明珠
——TMCP

近二十年以来，世界钢铁行业不仅产量增加，而且新技术、新装备层出不穷。其中，TMCP(Thermo Mechanical Control Process) 犹如一颗熠熠生辉的钢铁明珠，镶嵌在中外众多的热轧钢板、卷厂中，展现着迷人的魅力。

什么是 TMCP 技术？它简称为控轧控冷技术，就是在热轧板、卷的生产中，控制轧制的变形量和轧制温度，当板、卷轧制完成后，在线立即对上下表面同时进行喷水冷却，使板、卷按设定的冷却速度降到要求的温度，通过控轧与控冷的完美结合，共同控制钢板、卷的微观组织，使其具有希望的性能。整个控轧控冷过程由计算机运行多个控制模型自动完成，还有自学习、自修正功能，使其不断靠近目标值。

TMCP 的主要作用是：使钢板的微观组织可控，构成组织的晶粒更加细小，从而得到强度和韧性匹配良好的钢板、卷；可减少为了获得钢板、卷要求的组织和性能而加入钢中昂贵的合金元素（铌、钛、钼、镍、铬），降低了钢板、卷的制造成本，节约了稀缺合金资源；由于减少了钢中的合金元素，可改善钢板、卷的焊接性能；能用同一种化学成分的钢，轧制出不同性能要求的钢板、卷，可挖掘钢材潜能；还可替代某些热处理工艺，如可对钢板进行轧后直接在线淬火，不需离线再加热钢板、淬火，压缩了生产流程，降低了生产成本。如此众多的优点，难怪人们说 TMCP 是 20 世纪最伟大的钢铁技术成果之一。

它有力地推动了钢铁材料的发展，对人类文明和社会进步做出了不可磨灭的贡献。20世纪80年代中期，TMCP技术已开始应用在日本、美国的轧钢企业中，随后逐步被欧洲、韩国许多同行纷纷采用。我国于90年代末开始引进、应用、自主开发TMCP技术，并迅速得到众多轧钢厂的青睐。到目前为止，我国至少有40%（50条产线）以上的热轧钢板、卷生产线在应用TMCP技术，已经创造并将继续创造巨大的经济效益和社会效益。

武钢中厚板分厂于2003年在北京科技大学的帮助下，在国内较早建成投产了具有国内先进水平的TMCP系统。全部硬件和软件均由国内制造、开发，自动化水平高，具有完全的自主知识产权。该系统的最大冷却速度每秒可达30℃，它的主要组成为：控冷水源设备；水流量控制装置；冷却装置；上下水管；吹扫机构（防止钢板头、尾表面残留水对钢板的不均匀冷却，并保证入、出口测温仪的测量精度）；钢板位置、温度检测电气仪表；控制数学模型及计算机系统。该系统的工艺过程如下：

终轧后需要控冷或直接淬火的钢板，送到轧后控冷区；进行钢板位置和温度检测，由控冷数学模型，确定冷却工艺参数；钢板到达控冷区后先开启前吹扫，吹走头部表面积水，保证仪表检测准确；上下水管和侧喷逐渐开启，钢板在冷却区逐渐冷却；对控冷板和直接淬火板分别采取不同的冷却方式；钢板头部将出控冷区时开启后吹扫，将钢板表面冷却水吹净，保证后部测温准确性；逐渐关闭冷却水，直到将钢板送出冷却区；测量钢板目标温度后，将钢板送入矫直机。

武钢中厚板分厂的TMCP系统不辱使命，投产至今创造了惊人的业绩，先后建立了60多个钢种的控冷模型并长期投入使用；钢板的性能匹配明显改善，性能合格率有了提高；对高强度焊接结构钢进行了批量轧后在线直接淬火,节省了大量的人力、能耗。值得一提的是,2010 年以来,中厚板分厂依靠 TMCP 技术的强有力支撑,对高强度焊接结构钢系列、耐磨钢系列等钢进行成分优化,降低价格昂贵的合金元素含量或以低价合金替换高价合金,通过高精度的控轧控冷,保持了钢板优异的综合性能,实现了"以水代合金",因此仅 2011 年就降低生产成本 2010 万元,并运用 TMCP 技术开发了核电用钢、厚规格石油天然气管线钢等新产品,向市场提供了质优价廉的钢板,增强了市场竞争力。

　　2007 年,我国高速铁路建设进入了快速发展期,京沪高铁呼之欲出。然而,该线上的南京大胜关长江铁路大桥设计选材中碰到了拦路虎。大桥为 6 线设计(4 条高铁线、2 条普铁线),桥梁主跨跨度

控制轧制 ■

■ 控制冷却

达336米（当时国外高铁桥跨度最大的德国南滕巴赫美茵河桥，主跨为208米、仅2线），设计时速高达300公里/小时，桥宽、跨度、货载和时速为世界同类桥梁之最，因此需要具有优异综合性能的桥梁钢板制造，当时，我国尚无能提供这种抗拉强度不低于570兆帕、屈服强度不低于420兆帕、-40℃低温冲击韧性均值不低于120焦耳、屈服强度/抗拉强度不大于0.88的桥梁板生产厂，而国外实行技术封锁，进口价奇高，难以接受。铁道部将这一艰巨的任务交给了具有较强新产品开发能力的武钢。由武钢研究院牵头，各相关单位协同攻关，在科学的化学成分设计、高纯净炼钢基础上，发挥中厚板分厂TMCP的突出作用，量身定制的控轧控冷工艺技术，轧出了钢号为WNQ570、厚度为12~64毫米、超标准要求的桥梁钢板，供货13515吨，解决了铁道部的燃眉之急。该钢的综合性能处国际领先水平，被誉为第五代桥梁用钢，实现了大跨度铁路桥梁钢完全国产化，为我国重大桥梁建设及竞争国际市场打通了关隘。

今天，TMCP 技术仍然是热轧钢材制造业的主导工艺技术之一，继续为钢铁行业的快速发展发挥着突出作用。伴随着科技创新的浪潮，基于超快速冷却的新一代 TMCP 技术正阔步向我们走来，它将给处于困境中的钢铁行业注入强大的正能量。

（詹胜利）

钢铁新面貌

改善钢强韧性能的催化剂
——NG-TMCP

控制轧制和控制冷却技术，即 TMCP，是 20 世纪钢铁业最伟大的成就之一。正是因为有了 TMCP 技术，钢铁业才能源源不断地向社会提供越来越优良的钢铁材料，支撑人类社会的发展和进步。

针对人类面临越来越严重的资源、能源短缺问题，制造业领域提出了 4R 原则，即减量化、再循环、再利用、再制造。具体到 TMCP 技术本身，我们必须坚持减量化的原则，即采用节约型的成分设计和减量化的生产方法，获得高附加值、可循环的钢铁产品。经过近几年钢铁技术人员的持续努力，开发了更优于传统 TMCP 的新一代 TMCP 技术，即 NG-TMCP。

NG-TMCP 与传统 TMCP 相比，最大的区别在于将控冷钢板的冷却速度提高了一个数量级以上。它采用适宜的正常轧制温度进行连续大变形，在轧制温度制度上不再坚持"低温大压下"的原则。与"低温大压下"过程相比，轧制负荷（包括轧制力和电机功率）可以大幅度降低，设备条件的限制可以大为放松，轧机等轧制设备的建设不必追求高强化，建设投资可以降低。适宜的轧制温度，大大提高轧制的可操作性，避免轧制工艺事故，例如卡钢、堆钢等，同时也延长了轧辊、导卫等轧制工具的寿命。这对于提高产量、降低成本是十分有利的。对于一些原来需要在粗轧和精轧之间实施待温的材料，有可能通过超快速冷却的实施而不再需要待温，或者提高待温的温度，这对于提高生产效率具有重要的意义。

此时需要考虑的第一个问题是轧件的温度。由于采用常规轧制，终轧温度较高，如果不加控制，材料会由于再结晶而迅速软化，失去硬化状态。因此，在终轧温度和相变开始温度之间的冷却过程中，应努力设法避免硬化奥氏体的软化，即设法将奥氏体的硬化状态保持到动态相变点。近年出现的超快速冷却技术，可以对钢材实现每秒几百度的超快速冷却，因此可以使材料在极短的时间内，迅速通过奥氏体相区，将硬化奥氏体"冻结"到动态相变点附近。这就为保持奥氏体的硬化状态和进一步进行相变控制提供了重要基础条件。

在国外，比利时的 CRM 率先开发了超快速冷却 (UFC) 系统时，可以对 4 毫米的热轧带钢实现每秒 400℃的超快速冷却。日本的 JFE

■ 控轧控冷

福山厂开发的 SuperOLAC H 系统，应用于热轧带钢轧机，可以对 3 毫米的热轧带钢实现每秒 700℃的超快速冷却。国内开发的带材高冷速系统也可以达到相似的冷却效果，如东北大学轧制技术与连轧自动化国家重点实验室开发的棒材超快速冷却系统对 20 毫米直径的棒材可以实现每秒 400℃的超快速冷却。

实施超快速冷却后的钢材还要依据所需要的组织和性能要求，进行冷却路径控制，这就为获得多样化的相变组织和材料性能提供了广阔的空间。因此可以利用简单的成分设计获得不同性能的材料，实现柔性化的轧制生产，提高炼钢和连铸的生产效率。

在冷却路径的精确控制方面，现代的控制冷却技术已经可以提供良好的控制手段，NG-TMCP 将在提高材料的强度、改善综合性能、满足人类对材料的要求方面发挥重要作用。该工艺的使用可以做到不改造主要设备，不降低作业率，不低温轧制，不余热淬火。由于强化了冷却效果，可以提高冷床的冷却效率，从而提高产量，并大幅度提高产品质量强度和韧性，降低生产成本。

通过 NG-TMCP 技术可得到新的有特色的组织，可显著提高钢材的强韧性能，代表了未来轧制技术的发展方向。

（吴　进）

钢铁技术革命的新宠
——CSP

伴随着科学技术的突飞猛进，钢铁技术也是日新月异。继氧气转炉炼钢及连续铸钢之后，钢铁工业又一重大技术革命的新宠——薄板坯连铸连轧技术，横空出世，令人瞩目。

所谓薄板坯连铸连轧技术，就是将传统的炼钢厂和热轧厂紧凑地压缩并流畅地结合在一起，使转炉炼钢、薄板坯连铸、薄板坯轧制成卷3个工序精密相连，"一气呵成"。薄板坯连铸连轧生产线按工艺分有转炉—薄板坯连铸连轧生产线、电炉—薄板坯连铸连轧生产线。在我国，目前绝大部分为转炉—薄板坯连铸连轧生产线，电炉—薄板坯连铸连轧尚具有很大的发展空间。薄板坯连铸连轧生产线按设计制造商又可分有德国 SMS-Demag 设计制造的 CSP 生产线、意大利Danieli 设计制造的 FTSR 生产线、日本住友金属的 QSP 生产线、奥地利 VAI 的 CONROLL 生产线。其中，由 SMS-Demag 公司开发的CSP 工艺是目前各种薄板坯连铸连轧技术中最早实现工业化、最有代表性，也是到目前为止被推广应用最多的、相对最为成熟的工艺。

薄板坯连铸连轧技术，彻底改变传统的生产工艺，使炼钢与轧钢之间实现"短兵相接"。它首次将连铸、温度均匀化和热轧三个工艺阶段连接在一起。在传统工艺中有个降温再加热过程，即连铸板坯从1000℃以上高温降到常温再加热 1000℃以上高温的过程，但在薄板坯连铸连轧工艺中连铸板坯没有这个降温再加热过程，因此生产中不

仅可节省大量能耗，而且因冷却加热过程不同，钢在冷却过程中内部组织变化也不同于传统工艺，可利用这些特点开发出许多低成本优质品种，如低成本、高性能的低碳贝氏体钢，高强度薄规格热轧带钢。

CSP 是 20 世纪 80 年代末开发成功的生产热轧板卷的一种全新的短流程工艺。世界上第一条 CSP 生产线于 1989 年诞生在美国印第安纳州纽柯钢铁公司克劳福兹维尔厂。该工艺最突出的优点就是节约能源，此外，还具有投资少、生产周期短、生产效率高、产品规格多样、适应性强等诸多优点。据不完全统计，目前国内外已投产和在建的 CSP 生产线已达 49 条，年生产能力约 4900 万吨，其中，国内 CSP 生产线有 14 条。1999 年 8 月，我国第一条 CSP 生产线在广州珠钢问世，紧接着，邯钢、包钢的 CSP 生产线相继建成并投入生产。在此期间，我国唐钢、涟钢、马钢等开始纷纷建设 CSP 生产线。鞍钢在

CSP生产线

自我消化吸收的基础上自力更生，依靠国内技术，于 2000 年底建成一条中厚坯（130 毫米）连铸连轧生产线（ASP 技术）。目前，我国成为美国之后的 CSP 技术应用大国。随着在大产业生产中的不断完善、不断发展，该工艺的节能和高效的特点突现出来，充分显示出该工艺的先进性、公道性和科学性，也给钢铁企业带来了巨大的经济效益。

武钢 CSP 生产线于 2009 年建成投产，主要设备从德国西马克公司引进。主要生产碳素结构钢板、低合金钢板、集装箱板、汽车结构钢、船用结构钢以及供应下工序的无取向硅钢原料卷等。设计年产热轧卷约 250 万吨，其中商品材约 150 万吨。产品的规格为厚度 0.8~12.7 毫米，宽度 900~1600 毫米，最大钢卷重 30 吨。

武钢 CSP 生产线选择高起点的工艺技术装备，以实现现代化、专业化和最佳经济效益化，是武钢具有代表性的高效、低耗、节能工程，具有显著社会效益和经济效益。CSP 生产线是武钢"十一五"重点工程，是武钢做精做强青山本部经济、辐射中西南的战略之举。武钢 CSP 生产线运用了代表冶金行业发展方向的近终形连铸技术。武

钢铁新面貌

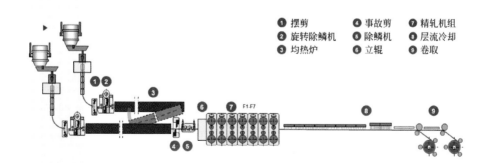

① 摆剪　　④ 事故剪　　⑦ 精轧机组
② 旋转除鳞机　⑤ 除鳞机　　⑧ 层流冷却
③ 均热炉　　⑥ 立辊　　　⑨ 卷取

■ 武钢 CSP 主要工艺流程图

■ CSP 连铸机浇铸现场

钢条材总厂 CSP 分厂按照"一年打基础，两年树品牌，三年创一流"，"三年三大步，一年一台阶"的"四个一流"发展思路，把破连铸难题、创一流指标、掌控近终形连铸技术核心作为产线达产创效、科学发展的重要举措之一。经过不懈努力，冶金行业三项世界纪录被武钢条材总厂 CSP 分厂一一打破，创下了 CSP 生产线薄板坯连铸投产成功后试生产期间的奇迹：薄板坯连铸机 76 次连续开浇，开浇成功率 100%；139 包钢水自浇，大包自浇率 100%；铸机溢漏率为零。

后来者居上。武钢 CSP 生产线虽然建设投产较晚，但依托多年

钢铁新面貌

■ 连铸机浇铸现场

板带生产的丰富经验,CSP 的产品结构和产品质量已经位于国内前列。2012 年以来,CSP 产品市场销售捷报频传:近两万吨 CSP 产品出口韩国浦项,标志着武钢 CSP 产品获得了国际市场认可;日前,又一批优质 CSP 热轧薄材产品远销智利,敲开了南美市场大门。

■ CSP 轧钢精轧线　　　　　　　　　　　　　　（李国甫　　刘小鸥）

CSP 过程控制计算机系统

自 1924 年第一套 1470 毫米带钢连铸连轧机在美国阿斯兰问世以来，带钢热轧生产发生了一系列的变化。第一套热轧带钢厚度自动控制装置于 1958 年投入工业使用，在 20 世纪 50 年代中期冷轧机也开始引入厚度自动控制系统。回顾历史，轧制过程自动化水平经历了由手工操作过渡到单机自动化，进而实现区域自动化这一发展历程，现在正向管理与自动化融为一体的全面自动化方向发展。这一发展过程充分反映了当今世界工业先进国家所经历的发展模式的转变，即由工业经济模式向信息经济模式转变。

轧制过程自动化发展到如此高的水平是与计算机技术、自动检测技术、网络技术和计算技术密不可分的。自动控制通过模型系统辨识的参数估计、线性系统分析理论中的状态反馈与状态观察、自适应技术、自学习等技术，加上计算机通过网络广泛收集信息，经过系统分析处理来控制轧制过程。

计算机自动控制就如同人取馒头的过程，首先人用自己的眼睛观察到馒头所在的位置，估计离自己还有多远、多高，然后不断地把这些信息通过神经网络汇集到大脑，并在大脑中处理这些信息，然后把处理后的指令通过神经网络去命令手脚的相关肌肉向馒头所在的位置

■ PCFC 板型控制界面

逼近。在这一过程中眼睛一直密切关注着周围环境，不断收集、传送这些信息，以免找错位置，直到取到馒头为止。当手触摸到馒头而且手的神经感受到馒头太烫时，手就会自动松开并缩回，以免烫伤，这就是其中的保护环节。计算机就如同大脑一般控制着轧钢的过程。

武钢 CSP 分厂采用西马克公司开发的 CSP 工艺，也称紧凑式热带生产工艺。CSP 工艺具有流程短、生产简便且稳定、产品质量好、成本低，有很强竞争力等一系列突出特点。西马克公司先在德国布什钢厂的立弯式连铸机上做了些改进，成功地在传统连铸机上生产出50 毫米厚的薄板坯。随后在美国纽柯公司的克拉夫兹维莱厂、黑克曼厂、戈拉廷厂、韩国的韩宝厂、墨西哥的希尔沙厂、西班牙的比斯卡亚厂，先后建成工业化的生产线，取得了很大的成功。

CSP 过程控制计算机系统主要由连铸、均热炉、精轧、层流冷却系统和板型和板型控制系统等组成，负责工艺过程控制、模型运算、参数设定等功能。过程控制计算机的主要任务是：使用各种数学

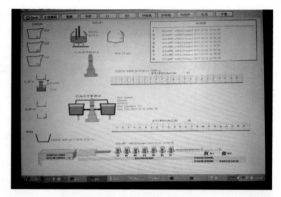

■ CSP 连铸连轧全线过程控制简图

模型，并借助网络，根据生产轧制的要求，计算并优化计算设定值，并对轧制过程进行监控，在发现目标偏差时优化计算值。过程控制的重点在轧线：薄板坯经过均热炉加热计算，达到目标出炉温度，经过除鳞除去氧化铁皮后进入轧机组第一架轧机前，轧机设定计算机根据板坯来料的成分、宽度、厚度、温度和带钢目标值完成计算和设定，并将计算的压下量分配给各个机架，再将设定数据传给一级。出轧机后，带钢进入层流冷却段，根据带钢终轧和卷取温度目标值，设定开启水阀的集管分布及开启水阀数量。

CSP 计算机系统工作安全可靠，根据生产经验的积累，不断优化计算机控制系统，为生产管理、产品安全及全场的工艺控制发挥了重要的作用。

（刘　洋）

前景诱人的无酸酸洗工艺

"酸洗"是钢铁生产过程中很重要的一道工艺流程。只有通过酸"洗礼"后的热轧酸洗板,才能进入下一道工序,最后轧制成材。所谓酸洗,就是利用酸溶液去除钢板表面上的氧化层和锈蚀物。酸洗离不开酸,酸洗常用的酸为盐酸、硫酸、硝酸等。然而,你听说过无酸酸洗新工艺吗?

无酸酸洗工艺,简称EPS(Eco Pickled Surface),是美国TMW(The Material Works)公司,经过多年研究于2007年6月开发并成功应用的钢板表面处理专利新技术。其基本原理是在密闭的空间内,通过特殊的装置将钢砂和水的混合物对钢板上下表面进行喷射处理,在一定喷射力的作用下去除钢板表面所有的氧化层。EPS的神奇之处还在于,经过EPS处理后,在钢板表面形成约0.2微米厚的保护层,这层非常薄的保护层形成一种非常稳定的"膜",能抑制钢板进一步的腐蚀。

经过EPS加工的钢板表面具有如下几大特点:比酸洗的更清洁、更光滑,更具有抗腐性能,不需要做任何涂油处理,钢板在一般情况下保存180天不会生锈;EPS生产线占地面积比酸洗和涂油生产线小得多,而且设备及生产运行总成本大大低于酸洗和涂油生产线;部分热轧板经EPS处理后可直接替代冷轧板使用,可以实现"以热代冷"的效果;EPS产品可经冷轧加工,也可与冷轧组成生产线,甚至可在大型酸洗冷轧生产线上增加EPS机,使生产效率更高,更灵活,更方便;EPS产品也可经连续热镀锌,更有利于"以热代冷"的推广。

EPS 技术可以根据客户的要求生产出不同表面粗糙度的 EPS 卷板材，极大提高了后续加工中的喷涂和耐腐蚀效果。这一特点还可以扩展应用于不锈钢卷板的后续处理，改变其表面的粗糙度。此外，EPS 生产线保留下来了 SCS 生产线对卷材进行拉伸矫直和内应力消除的优点，卷材线中配备的矫直机和卷取机之间产生的巨大拉力消除了卷材的内应力，极大方便了切割、冲压、剪裁等后续加工。一套 EPS 生产线实际上结合了酸洗、拉伸矫直和张力平整等多种类型生产线的功能。

俗话说，常在河边走，哪有不湿鞋。经常用酸洗，哪有不腐蚀。酸洗是一把"双刃剑"，它既能去除钢板表面上的氧化层和锈蚀物，又能进一步腐蚀钢板，对操作者产生刺激作用，酸洗过后的废酸及冲洗水的处理处置也是难题。采用 EPS 技术后，以上后顾之忧彻底消除。

此外，由于没有酸洗时产生的油烟弥漫，激光镜头和激光束能使激光切割速度更快。

根据目前实践证实，EPS产品几乎是没有制约限制，尤其对卷材加工商来说，可以省去酸洗和涂油工艺的成本，而且EPS产品是绿色、光滑、清洁、平整的表面，使其产品更具有市场竞争力。目前，国内钢铁企业还没有引进EPS技术。相信随着EPS技术的引进、消化和应用，"酸洗"这一"重要角色"将逐渐被绿色环保的EPS技术所取代。

（李国甫）

钢铁新面貌

粉末冶金与神奇的 3D 打印

　　由成龙主演的电影《十二生肖》中复制兽首的神奇机器给无数人留下深刻印象。想象一下，想要什么东西只需要在网上下载，然后按下打印按钮，一台家用 3D 打印机就能打印出你需要的东西，这是多么诱人的场景。这不是科幻小说，而是正在实现的科技。

　　粉末冶金是用粉末作为原料，经过成型和烧结制造金属材料或复合材料制品的工艺过程。1909 年出现钨粉成形、烧结、再锻打拉丝，为粉末冶金工业发展迈出了重要一步。后来用粉末冶金方法制取的多孔含油轴承、新型材料，如金属陶瓷、弥散强化材料，在普通工业、国防、航空航天等领域中发挥了重大的作用。而即将引领第三次工业革命的 3D 打印技术就源于粉末冶金的增材制造、快速成型技术的制造理念。

　　粉末冶金的成型技术主要有：压制成型、粉末注射成型、温压成型和喷射成型等；粉末烧结的新技术主要有：微波烧结、放电等离子烧结、自蔓延高温合成和烧结硬化等。

　　3D 打印技术综合了机械工程、CAD、数控技术、激光技术及粉末冶金技术，可以自动快速、精确地将设计转变为实物。具有敏捷性、适合任何形状、高度集成化等优点。3D 打印技术主要有：立体印刷、叠层实体制造、选择性激光烧结、熔融沉积成型以及激光选区熔化技术等。

3D 打印技术正是将粉末冶金的新技术，与计算机辅助设计、计算机控制相结合，形成设计制造一体化，实现从设计到实物的快速转化。它是把制品分成无数个截面，就和医学检查中的 CT 断层扫描图像一样，所有截面叠起来就

■ 华中科技大学研发的 HRPM-IIA 型 3D 打印机

形成了整个物体。3D 打印是一种"增材制造技术"，将三维设计模型分解成一个个横切面，再用原材料层层堆积形成所需形状，其原材料可以是塑料、陶瓷、金属，甚至是生物细胞。

3D 打印技术与传统工艺相比具有显著优点：铸造方法是把熔融的原材料注入准备好的模具内，但新方法不需要模具；切削加工是在整段或整块原材料上去除不需要的部分，而新方法是把微粒原料按要求堆积熔融而成；3D 打印对产品的几何形状没有约束，设计时可采用最优的结构设计而无需顾虑加工难度，在制造复杂物品方面具有极大优势。3D 打印省却了铸模、研磨、组装等环节，缩短了零件制造周期，降低了普通人进入"制造业"的门槛。3D 打印理念极具竞争优势，可轻松制作原本结构复杂及价格高昂的模具或零部件产品。目前直接金属激光烧结技术可直接烧结铜合金粉末、铝硅镁粉末、不锈钢粉末、模具钢粉末、钛合金粉末等。

航空航天的金属零件常用优质价昂的钛固体坯加工而成，约 90%

钢铁新面貌

■ 3D 打印汽车在车展上亮相

的材料被切削去除，材料利用率仅 10% 左右。如果在 3D 打印机上用钛粉制造飞机门上的支架或卫星零件，材料的利用率可以提高至 100%。

北京航空航天大学在飞机大型整体钛合金主承力结构件 3D 打印激光快速成型方面取得突破性进展，研制出某型号飞机钛合金前起落架整体支撑框、C919 接头窗框等金属零部件；中航工业北京航空制造工程研究所用 3D 打印技术成功修复了某型号钛合金整体叶轮，并通过试车考核。

英国、德国、法国、美国、瑞典等外国发达国家先后开发了制造合金金属复杂结构的激光选区熔化 3D 打印机，并开展应用基础研究。欧洲空间局正在试验通过 3D 打印的方法，用月球表层的土壤来建造月球基地。目前，他们已用 1.5 吨的模拟月壤造出了一块基地建材样品。如能进一步解决相关问题，建造月球基地的宏伟工程将变得更加简单。

杭州电子科技大学等高校自主研发出一台生物材料 3D 打印机，并使用生物医用高分子材料、无机材料、水凝胶材料或活细胞，在这台打印机上成功打印出较小比例的人类耳朵软骨组织、肝脏单元等。打印的细胞有着高达 90% 的存活率。目前打印出来的活细胞存活时间最长为 4 个月。

产品创新是我国制造行业可持续发展的基础，而 3D 打印技术对新产品的开发速度和质量将起到十分重要的作用。金属零件激光 3D 打印技术开创了一个崭新的设计、制造概念。对于大型钢铁企业来说，能否抓住机遇，顺应信息化、数字化的潮流，加大新技术、新产品的开发力度至关重要。目前，不锈钢粉末已经被成功应用于激光烧结 3D 打印。未来，开发相关技术，抢占科技制高点将成为国家战略。美国政府斥资 10 亿美元资助全国各地与 3D 打印相关的研究中心。

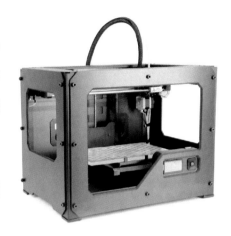

第一个得到资助的是俄亥俄州扬斯敦的国家添加式制造业创新研究院。它主攻 3D 打印的研究以及从数字模型制造物体的其他过程。

美国专家克里斯•安德森在《创客：新工业革命》中提到：互联网及最新的制造业技术正引发一场新的工业革命。一些聪明人通过网络互动，再加上一个新概念，就能改变世界。如果说第二次工业革命是信息时代，那么第三次工业革命则是"制造者"时代。未来，物品制造会越来越简单，制造实体物品的过程越来越容易，就像制造虚拟物品一样。也许 3D 打印就是新一轮工业革命的标志，就像蒸汽机是第一次工业革命的标志一样。

1984 年，惠普发布的第一款激光打印机 HP LaserJet Classic，分辨率 300dpi，售价 3495 美元，而现在售价 499 元人民币的激光打印机已经普及。现在 3D 打印技术的精度约为 250dpi，即 0.1 毫米，而且打印机本身的售价偏高，一台工业级 3D 打印机售价在 10 万元左右。相信不久的将来，3D 打印机也会走进个人桌面必备的时代。

（李 攀）

钢铁新面貌

后 记

　　将钢铁冶金的科学知识以通俗易懂的读物形式呈现在人们面前，将那些复杂繁琐的钢铁冶金理论和数据、生产工艺和专项技术，写成深入浅出的科普文章，是很多钢铁从业人员的夙愿。可是在浩如烟海的专业书籍中，要想找到一本真正把钢铁冶金生产知识和通俗性、教育性与趣味性融为一体的科普读物，并非一件容易的事情。也正因为如此，长期以来，人们普遍对专业技术书本有一种望而生畏的感觉。枯燥无味、晦涩难懂的语言形式，呆板平直、缺少生气的叙述方式，似乎已在专业书籍与普通读者之间筑起了一道壁障。的确，过于深奥的文本常常使专业人员读起来感到味同嚼蜡、兴味索然，非专业人士更是不敢问津。何以能使钢铁冶炼技术知识从厂区走入民间，何以能使人们在如欣赏文学作品一般的心境中，轻松自如地了解钢铁是怎样炼成的，一直是我们钢铁科普工作者的追求。

　　为了弘扬钢铁文化、传播钢铁知识、普及钢铁技术、宣传钢铁产品，在中国科学技术咨询服务中心、中国金属学会、武汉钢铁（集团）公司领导和有关部门的关心、支持下，由武钢科协组织编写的《钢铁科普丛书》终于出版了。本书编者不揣浅陋，力图以生动的语言讲述钢铁发展历程，以形象明快的语言描述钢铁冶炼流程，通过栩栩如生的勾画展现钢铁冶金技术，共选录了 77 位作者的 83 篇作品。另外，为了使本书有一定的收藏性和直观性，书中还汇集了大量的图片，使很多宏大的冶炼生产场景尽呈读者眼前。

　　总之，向广大读者，特别是钢铁行业工作者奉献一本人人都能读得懂的读物，是编者的心愿。本书旨在通过这把"钥匙"，开启钢铁冶金技术科学普及之门。

　　由于编者水平有限，《钢铁科普丛书》从取材范围、部分文章观点、时效性等方面难免有疏漏之处，敬请同行及各界读者批评指正。在本书编写过程中，广泛参阅和选引了有关文献资料，在此向所有文献作者致以诚挚的谢意！

编　者

2014 年 9 月